MuPAD Reports

Andreas Sorgatz

Dynamische Module

Eine Verwaltung für Maschinencode-Objekte zur Steigerung der Effizienz und Flexibilität von Computeralgebra-Systemen

MuPAD Reports

Herausgegeben von
Prof. Dr. rer. nat. Benno Fuchssteiner, Universität-GH Paderborn
Institut für Automatisierung und Instrumentelle Mathematik
(Automath)

MuPAD ist ein universelles (*general purpose*) paralleles Computeralgebra-System, das an der Universität-GH Paderborn entwickelt wird. Aktuelle Programmversionen stehen auf dem FTP-Server der Universität-GH Paderborn[1] zur Zeit für Windows 95, Apple Macintosh System 7.x sowie die gängigen UNIX-Systeme zur Verfügung.

MuPAD Reports informiert über die grundlegenden Strukturen und Wirkungsweisen von Computeralgebra-Systemen am Beispiel von MuPAD. Die Reihe gibt Einblick in die technischen und theoretischen Grundlagen des Entwurfs von Systemen zur symbolischen Verarbeitung mathematisch-technischer Sachverhalte.

Aktuelle Informationen zu MuPAD und der projektbegleitenden Forschung sind im World-Wide-Web[2] zu finden. Eine detaillierte Beschreibung des Systems und seiner Programmiersprache (incl. CD) wird im *User's Manual* [MuPAD][3] gegeben.

---

[1] Ftp-server: `math-ftp.uni-paderborn.de/MuPAD/`
[2] Web-Page: `http://math-www.uni-paderborn.de/MuPAD/`
[3] Web-Page Teubner: `http://www.teubner.de`
Wiley: `http://www.wiley.co.uk` bzw. `http://www.wiley.com`

Dynamische Module

Eine Verwaltung für Maschinencode-Objekte zur Steigerung der Effizienz und Flexibilität von Computeralgebra-Systemen

Von Andreas Sorgatz
Universität-Gesamthochschule Paderborn

Springer Fachmedien Wiesbaden GmbH

Andreas Sorgatz

Geb. 1966, Studium der Informatik an der Universität-GH Paderborn, seit 1995 wiss. Mitarbeiter der MuPAD Projektgruppe der Universität-GH Paderborn und im Bereich des Entwurfs und der Implementation von CA-Systemen tätig. Arbeitsschwerpunkte: Kernentwicklung und Software-integration.

Die Deutsche Bibliothek – CIP-Einheitsaufnahme

Sorgatz, Andreas:
Dynamische Module : ein Verwaltung für Maschinencode-Objekte zur Steigerung der Effizienz und Flexiblität von Computeralgebra-Systemen / Andreas Sorgatz. –
Stuttgart : Teubner, 1996
(MuPAD-Reports)

ISBN 978-3-519-02195-7 ISBN 978-3-322-93082-8 (eBook)
DOI 10.1007/978-3-322-93082-8

Ursprünglich erschienen bei B.G. Teubner Stuttgart 1996.

Einband: Peter Pfitz, Stuttgart

Vorwort des Herausgebers

Mathematics is the basis of technological progress and technological progress is a key for international competitiveness. Automating an important part of the mathematical problem solving process is a key technology for a nation that wishes to control structure and accelerate technological progress. The automation of the solution of mathematical problems is a powerful lever with which human productivity and expertise can be amplified many times. – Aus A. C. Hearn, Ann Boyle and B.F. Caviness (eds): Future Directions for Research in Symbolic Computation, Siam Reports on Issues in the Mathematical Sciences, Philadelphia, 1990

Computeralgebra-Systeme (CA-Systeme) stellen dem Ingenieur und Naturwissenschaftler fast alle notwendigen Formeln und Algorithmen seiner täglichen Praxis zur Verfügung. Sie setzen Formeln fehlerfrei ineinander ein, bestimmen Ableitungen, lösen Gleichungen, zeichnen Graphiken, verdeutlichen Geometrie, und berechnen die benötigten Resultate mit beliebiger Präzision. Außerdem erlauben sie eine mühelose funktionale Programmierung anspruchsvoller Sachverhalte. Computeralgebra wird deshalb den Umgang kommender Generationen mit Mathematik wesentlich prägen und deren Verständnis von Wissenschaft und Technik entscheidend beeinflussen.

Trotzdem nutzen zu viele Anwender ein CA-System als Black Box ohne sich über die Interna der Systeme und die damit verbundenen Schwächen und Stärken Gedanken zu machen. Neben dem Verständnis der den Funktionsbibliotheken zugrunde liegenden Algorithmen ist aber eine elementare Kenntnis der grundlegenden Strukturen und Wirkungsweisen eines CA-Kerns die Voraussetzung zum effizienten Einsatz solcher Systeme. Leider werden solche technischen Details von vielen Entwicklern und Herstellern nicht offengelegt. Trotz der heute großen Zahl von Anwendern von CA-Systemen besteht deshalb ein Mangel an Kenntnissen über die technischen Grundlagen von Computeralgebra. Diesem Mangel abzuhelfen dient die mit diesem Band beginnende Reihe MuPAD-Reports.

MuPAD steht als Abkürzung für Multi Processing Algebra Data Tool. Um Aufgaben und Probleme neuer Dimension lösen zu können, bietet MuPAD neben der Möglichkeit des sequentiellen Arbeitens, Versionen, die auf parallelen Rechnerarchitekturen aufbauen; die Zielarchitektur ist ein Netzwerk von Shared Memory Maschinen. MuPAD ist modular aufgebaut und leicht portierbar. Das System erlaubt dem Nutzer die Schaffung eigener Datentypen und ermöglicht objektorientiertes Programmieren. Es ist eines der ersten europäischen universellen CA-Systeme. Die Entwicklung von MuPAD versteht sich als eine Dienstleistung für den Forschungsbereich.

Paderborn im September 1996 — Benno Fuchssteiner

Danksagung

Die vorliegende Arbeit basiert auf den Erfahrungen und Ergebnissen, die im Rahmen des MuPAD Projektes bei der Entwicklung eines universellen und parallelen Computeralgebra-Systems erzielt wurden. Mein Dank gilt daher den Mitgliedern der MuPAD Projektgruppe.

Ich danke Dr. Waldemar Wiwianka, der mein Interesse an der Computeralgebra und dem Gebiet der Integration von Fremdsoftware in CA-Systeme geweckt hat.

Ich danke Ilka Struck für ihren unermüdlichen Einsatz beim Korrektur lesen des Preprints zu der hier vorliegenden Arbeit.

Ich danke Gerald Siek für das kritische Lesen der Arbeit sowie für seine Anregungen und die fruchtbaren Diskussionen.

Herrn Prof. Dr. Benno Fuchsteiner bin ich dankbar für die freundliche Förderung dieser Arbeit.

In Erinnerung an Waldemar Wiwianka,
Paderborn im September 1996,
Andreas Sorgatz

Vorwort

Mit der zunehmenden Verbreitung von Computeralgebra-Systemen (im folgenden auch *CA-System* oder *CAS* gennant) kommt bei den Anwendern immer häufiger der Wunsch auf, eigene Algorithmen nicht nur in der durch das CA-System definierten Programmiersprache sondern auch in Standardsprachen wie `PASCAL`, `C` oder `C++` zu implementieren und in das CA-System zu integrieren. Auf diese Weise könnten zugleich viele bereits bestehende Softwarepakete als zusätzliche Algorithmen innerhalb des CA-Systems angeboten werden. Der Quellcode der genannten Standardsprachen wird dabei durch einen Compiler in direkt ausführbaren Maschinencode übersetzt. Daher bieten diese Sprachen gegenüber den mathematisch orientierten CA-Sprachen meist eine deutlich höhere Effizienz sowie den Zugriff auf alle Eigenschaften des zugrundeliegenden Betriebssystems - und damit mehr Flexibilität. Neben extrem schnellen Algorithmen - z.B. durch die Verwendung von maschinennahen Datenstrukturen - wäre damit eine nahezu beliebige und von ggf. existierenden Beschränkungen der CA-Sprache unabhängige Erweiterung des CA-Systems möglich.

Die vorliegende Arbeit beschäftigt sich mit dem Entwurf und der Implementation von Methoden zum dynamischen Einbinden von Binär-/Maschinencode-Funktionen in Computeralgebra-Systeme. Diese Funktionen werden, analog zu den in CA-Systemen üblichen Library-Konzepten, in speziellen Funktionsbibliotheken (sogenannte *dynamische Module*) zusammengefaßt und können vom Anwender - oder auch automatisch - während einer CA-Sitzung eingeladen und - aus Gründen einer effizienten Speichernutzung sowie der Unterstützung des *rapid prototyping* - auch wieder aus dem CA-System ausgeladen werden.

Die Anbindung der Maschinencode-Funktionen eines dynamischen Moduls an das CA-System erfolgt dabei <u>nicht</u> durch den Aufbau einer Interprozeßkommunikation zwischen unabhängigen Programmen (CAS $\leftrightarrow$ Modul) sondern vielmehr durch Einbinden (*Linken*) des Moduls in den Prozeß des laufenden CA-Systems. Dieses Verfahren wird im allgemeinen als *dynamisches Linken* bezeichnet und bietet in diesem Zusammenhang insbesondere die folgenden Vorteile:

1. CA-System und dynamisches Modul bilden einen Prozeß. Dabei kann das Modul auf alle Daten und Methoden des CA-Systems zugegreifen.

2. Der Aufwand der Interprozeßkommunikation über einen kodierten, ggf. textorientierten Kommunikationskanal entfällt. Die Übergabe beliebiger Daten zwischen dem CA-System und Funktionen eines dynamischen Moduls erfolgt mit konstantem Aufwand durch Übergabe einer Referenz auf das Datum. Dieses muß dazu also <u>nicht</u> physikalisch kopiert werden.[1]

[1] In den Programmiersprachen `C`/`C++` werden hier Zeiger übergeben.

3. Mit den Punkten 1 und 2 eignet sich dieses Konzept als Grundlage eines CAS-Compilers. Ziel ist es, die in einigen LISP[2]-basierten CA-Systemen[3] übliche *Compile*-Funktion nachzubilden, um Algorithmen der CA-Sprache auf dynamische Module abzubilden und ihre Ausführungsgeschwindigkeit dadurch zu erhöhen.

Das Konzept der dynamischen Module ermöglicht es dem CAS-Anwender, seine in einer Standardsprache implementierten Algorithmen effizient und in einfacher Weise in das CA-System einzubetten. Dies erfordert keinen Eingriff in das CA-System und somit auch nicht die Freigabe des CAS-Quellcodes. Dem CAS-Entwickler gibt dieses Konzept die Möglichkeit, das CA-System durch Zusatzpakete[4] modular zu erweitern. In diesem Zusammenhang wird ein *Application Programming Interface* (API) zur Verfügung gestellt, das dem Anwender einen relativ bequemen Zugriff auf die internen Eigenschaften des CAS erlaubt.

Als Alternative zu den *dynamischen Modulen* werden Konzepte einer *C-caller version* vorgestellt, die es dem Anwender ermöglichen, das CA-System in eigene Programme einzubinden. Dies ist in den Fällen interessant, in denen das Anwenderprogramm seinem Zweck entsprechend eine eigene Benutzungsschnittstelle definiert und als Teilaspekt seiner Aufgabe mathematische Probleme symbolisch oder mit sehr hoher Genauigkeit lösen muß. Zum Zugriff auf das CA-System kann dabei eine textbasierte Kommunikation eingesetzt sowie auch das zuvor genannte API genutzt werden. Basierend auf den für die dynamischen Module entwickelten Techniken, werden die Vorteile einer *load-on-demand* C-caller Version diskutiert.

Im folgenden Text werden einige überladene Begriffe, wie z.B. der Begriff einer „Funktion“ oder „Library“, verwendet. Um die teilweise subtilen Unterschiede dieser Begriffe zu verdeutlichen, wird dem Leser das Glossar im Anhang A.4 zur Hand gegeben.

Die hier entwickelten Konzepte werden im CA-System **MuPAD**[5] eingesetzt, das unter der Leitung von Prof. Dr. B. Fuchssteiner im Automath-Institut[6] an der Universität-Gesamthochschule Paderborn entwickelt wird.

Paderborn im September 1996 — Andreas Sorgatz

---

[2]Funktionale Listen-orientierte Programmiersprache, vgl. [Lisp].

[3]Vgl. z.B. [Axiom] und [Reduce]

[4]So z.B. effiziente Algorithmen für spezielle Problemklassen, Sonderfunktionen für spezielle Kunden oder Interessengruppen, experimentelle und prototypische Funktionen, bug fixes.

[5]Multi Processing Algebra Data Tool, vgl. [MuPAD]

[6]WebPage: `http://math-www.uni-paderborn.de/automath/`

Inhaltsverzeichnis

Abbildungsverzeichnis

1 Einleitung

1.1 Vorwort und Wegweiser

Die *Dynamischen Module* werden im folgenden als ein eigenständiges und von einem konkreten Computeralgebra-System (*CA-System*, *CAS*) unabhängiges Konzept entwickelt. Zusammen mit der ausführlichen Beschreibung der Implementation dieses Konzeptes für das CA-System MuPAD[1] und den in diesem Zusammenhang diskutierten technischen Verfahren und Problemen sollte eine Übertragung auf andere Systeme nicht schwer fallen. Für Fragen und Anregungen ist der Autor[2] jederzeit offen.

Zunächst werden einige Grundbegriffe[3] eingeführt und kurz allgemeine Grundlagen zum Aufbau und der Arbeitsweise von CA-Systemen erläutert, um im folgenden aufzuzeigen, welchen Beschränkungen viele herkömmliche Systeme unterliegen. Dies wird anhand einiger Beispiele aus zur Zeit aktuellen CA-Systemen verdeutlicht, wobei der Entwurf von Methoden zum dynamischen Einbinden von Maschinencode-Funktionen motiviert wird.

Im zweiten Kapitel wird daraufhin ein betriebssystemunabhängiges Konzept zur Verwaltung von dynamisch gebundenen Maschinencode-Funktionsbibliotheken (*Module*) vorgestellt und seine Funktionsweise anhand eines Schichtenmodells detailliert beschrieben. Dieses Konzept wird es dem CAS-Anwender[4] erlauben, eigene CAS-Funktionen in einer Standard-Programmiersprache wie `ANSI-C`, `C++` oder `Pascal` zu erstellen und sie während einer CA-Sitzung in das System einzuladen, dort auszuführen und auf Wunsch (ggf. automatisch) wieder auszuladen.

Das dritte Kapitel widmet sich der Implementation des Modulkonzeptes in MuPAD[5]. Dazu werden zunächst einige für das Modulkonzept wichtige Eigenschaften von MuPAD erläutert. Zur Beschreibung der Implementation wird dann wieder auf das in Kapitel 2 eingeführte Schichtenmodell zurückgegriffen, wobei technische Details und damit ggf. verbundenen Probleme diskutiert werden. Insbesondere wird hier auf die Verfahren des dynamischen Linkens eingegangen und die jeweiligen Methoden vorgestellt, die dazu auf den verschiedenen Systemarchitekturen und Betriebssystemen eingesetzt werden.

Zur Implementation des Modulkonzeptes gehört auch eine Entwicklungsumgebung für Module. Diese lassen sich, unter Verwendung einer Toolbox, in ein-

---

[1] Vgl. [MuPAD], [MuPAD11]

[2] Per email an `andi@uni-paderborn.de`

[3] Eine Übersicht zu wichtigen Begriffen dieser Arbeit wird im Glossar, Seite 145 gegeben.

[4] Ich schreibe stets „Anwender“ und meine damit „Anwender und Anwenderinnen“.

[5] Vorgestellt wird die Implementation in MuPAD Release 1.2.2, Juli 1995. Die Änderungen in MuPAD Release 1.3 sind an gegebener Stelle vermerkt bzw. in Abschnitt 5 zusammengefaßt.

facher Weise programmieren und mit Hilfe des sogenannten Modulgenerators zu speziellen, in MuPAD einladbaren Maschinencode-Bibliotheken übersetzen. Der Modulgenerator und seine Implementation werden im vierten Kapitel beschrieben. Im Anschluß wird dort auch ein erstes Beispiel zur Programmierung und Anwendung von Modulen in MuPAD gegeben.

Im fünften Kapitel werden Hinweise auf Neuerungen des MuPAD Release 1.3 gegeben, dessen Freigabe für das Frühjahr 1997 geplant ist. Anschließend wird demonstriert, wie die in den Abschnitt 3.2.6 bzw. 5.1 vorgestellte Schnittstelle auch für eine C-caller Version des CA-Systems MuPAD eingesetzt werden kann.

Das siebte Kapitel widmet sich dann dem Entwurf und den Grundlagen der Implementation eines MuPAD-Compilers. Mit ihm sollen MuPAD-Prozeduren - unter Verwendung des Modulkonzeptes - auf Maschinencodefunktionen abgebildet werden, um dadurch kürzere Laufzeiten für die vom Anwender programmierten Algorithmen zu erzielen. Dabei wird insbesondere ein Konzept für *Hybridfunktionen* diskutiert, das die Erstellung von MuPAD-Funktion aus einer Kombination von Elementen der Sprachen MuPAD und `ANSI-C` erlaubt.

Der Bericht schließt mit einer kurzen Zusammenfassung und einem Ausblick auf die für kommende MuPAD Versionen geplanten Erweiterungen. Im Anhang werden weitere Programmierbeispiele sowie Kurzbeschreibungen zum Modulgenerator und einigen (binären) Standard-Bibliotheken der MuPAD-Modulverwaltung gegeben.

1.2 Problemstellung und Motivation

1.2.1 Grundlagen zur Arbeitsweise von CA-Systemen

CA-Systeme sind interaktive Programme zur Formelmanipulation. Mit ihnen kann der Anwender sowohl symbolisch, so zum Beispiel bei der Berechnung einer formalen Differentiation oder der Entwicklung einer formalen Taylorreihe, als auch numerisch rechnen, wie es bei der Auswertung einer solchen Taylorreihe in einem gegebenen Punkt geschieht. Man unterscheidet bei diesen Systemen zwischen der Benutzungsschnittstelle (*frontend*), die inzwischen standardmäßig mit einer Graphikausgabe für zwei- und dreidimensionalen Graphen zur Visualisierung mathematischer Sachverhalte ausgestattet ist, und dem eigentlichen CA-System, das als *CA-Kern* oder einfach als *Kern* (*kernel*) bezeichnet wird.

Kernstück dieser Systeme ist ein *Interpreter*, der sich hier logisch in einen *Parser*, einen *Evaluierer* und eine Ausgabeeinheit unterteilt (vgl. Abb. 1). Der Parser definiert dabei eine Eingabe- und Programmiersprache, die im folgenden als *CA-Sprache* bezeichnet wird. Er wandelt die vom Anwender eingegebenen Ausdrücke und Anweisungen in eine spezielle interne Repräsentation um - üblicherweise wird hier eine Darstellung mittels n-ärer Bäume verwendet - und führt diese dem Evaluierer zu. Dieser evaluiert nun die Daten, das heißt, die Ausdrücke werden ausgewertet und die Anweisungen - entsprechend ihrer Semantik - auf die gegebenen Daten angewandt. Nach dem Evaluieren wird das Ergebnis dann an die Ausgabeeinheit übergeben, die es in einer für den Anwender lesbaren und der CA-Sprache entsprechenden Form ausgibt.[6] Die Ausgabe erfolgt dabei entweder direkt über ein entsprechendes Ausgabemedium oder wird an das *frontend* gereicht, das gegebenenfalls noch eine Formatierung oder graphische Aufbereitung vornimmt. Der Arbeitszyklus eines CA-Systems beginnt jeweils mit der Eingabe des Anwenders und hat die folgende Form:

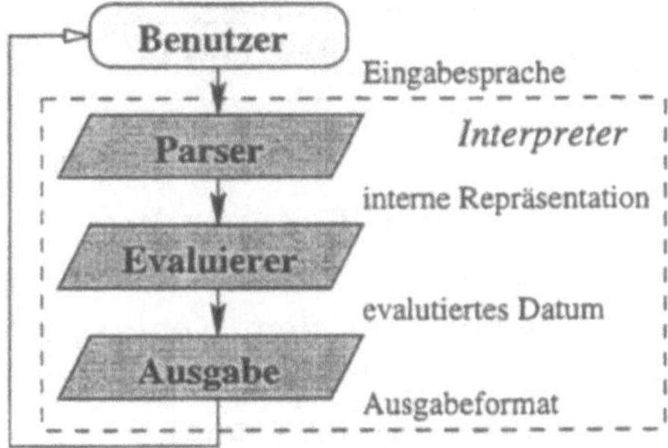

Abbildung 1: Der Arbeitszyklus eines CA-Systems

CA-Systeme stellen dem Anwender im allgemeinen eine Vielzahl von Funktionen und Algorithmen zur Verfügung. So werden neben der Arithmetik für beliebig große Zahlen und den üblichen trigonometrischen Funktionen zum Beispiel auch Methoden zum Umgang mit Matrizen, Listen, Mengen und Tabellen sowie Algorithmen der linearen Algebra, der Statistik, zum Lösen von Differentialgleichungen etc bereitgestellt. Diese Funktionen teilen sich dabei typischerweise in zwei Klassen auf:

Die *Systemfunktionen*[7] definieren die Basisfunktionalität des CA-Systems. Sie werden, als fester Bestandteil des CA-Kerns, in einer herkömmlichen Programmiersprache implementiert und stehen dem Anwender mit dem Starten des Systems sofort zur Verfügung. Zu den Systemfunktionen werden hier im folgenden auch (scheinbar) imperative Sprachkonstrukte - wie zum Beispiel eine Zuweisung `x:=1` - gezählt, auch wenn manche CA-Systeme hierfür keine funktionale Schreibweise zu Verfügung stellen.

[6] Alternativ werden immer öfter zweidimensionale Formel dargestellt.

[7] Historischer Begriff, vgl. [MuPAD] *system function* (↔ nicht Betriebssystemfunktion).

Die *Bibliotheksfunktionen* erweitern die Basisfunktionalität des CA-Systems. Sie repräsentieren den Hauptteil der mathematischen Algorithmen eines CA-Systems und sind meist in *Bibliotheken* (*Libraries*, *Packages*) organisiert. Der Anwender kann Bibliotheken bei Bedarf laden, womit ihm die enthaltenen Bibliotheksfunktionen dann zur Verfügung stehen. Die Funktionen werden in der systemeigenen CA-Sprache implementiert und zur Ausführung vom Evaluierer interpretiert. Zu den Bibliotheksfunktionen werden im folgenden alle Funktionen gezählt, die in der CA-Sprache programmiert sind. Also auch die vom Anwender erstellten Algorithmen.

Diese beiden Funktionsklassen sind so oder ähnlich in den meisten zur Zeit aktuellen CA-Systemen zu finden, wobei ihre Bezeichnungen variieren. So werden die Systemfunktionen häufig auch als *built-in*-Funktionen bezeichnet[8], während Bibliotheksfunktionen oft mit den Begriffen *Library*-Funktion und *Prozedur* (*procedure*) belegt werden.[9]

Beide Klassen werden unter dem Begriff *Anwenderfunktionen* (*user function*) oder einfach *Funktion* zusammengefaßt und als solche bezeichnet, wenn eine Unterscheidung nicht relevant oder aus dem Kontext klar ersichtlich ist. In anderen Fällen wird im folgenden stets der Begriff der Systemfunktion bzw. der Bibliotheksfunktion oder Prozedur verwendet.

Eine weitere Unterscheidung ergibt sich durch die Gewichtung der beiden Funktionsklassen in verschiedenen CA-Systemen. Während eine Anwenderfunktion im einen System als elementar bzw. essentiell gilt und somit als Systemfunktion implementiert ist, wird sie in anderen Systemen als *Service*- oder *high level*-Funktion aufgefaßt und als Bibliotheksfunktion zur Verfügung gestellt.

Die im Zusammenhang mit der Implementation dieser Funktionen auftretenden Entscheidungskriterien sowie die damit verbundenen Konsequenzen sollen nun näher betrachtet werden.

1.2.2 Bewertung der vorgestellten Funktionsklassen

Im folgenden werden die Unterschiede zwischen den zuvor eingeführten System- und Bibliotheksfunktionen weiter herausgearbeitet und ihre jeweiligen Vor- und Nachteile diskutiert.

Die Systemfunktionen liegen in konventionellen CA-Systemen, als fester Bestandteil des CA-Kerns, in Form von Maschinencode vor. Sie sind daher

[8] Vgl. hierzu: [Maple] Seite 59,194; [Math] Seite 749; [MuPAD] Seite 290.

[9] Vgl. hierzu: [Maple] Seite 137; [MuPAD] Seite 102.

üblicherweise sehr schnell in der Ausführung und belegen den Arbeitsspeicher[10] des Computers während der gesamten Laufzeit des CA-Systems statisch. Eine Änderung oder Erweiterung ihrer Funktionalität erfordert stets die Manipulation des Kerns. Das heißt, die Quelldateien des CA-Systems müssen geändert, neu zu Maschinencode übersetzt und gebunden werden. Da diese Quellen aber - gerade bei kommerziellen CA-Systemen - nicht allgemein verfügbar sind, bleibt die Möglichkeit einer derartigen Erweiterung von Systemfunktionen ausschließlich der kleinen Gruppe von CA-Kernentwicklern vorbehalten. Dieses Verfahren hat den Nachteil, daß es schwerfällig und unflexibel ist, da stets der gesamte Kern neu erstellt und beim Anwender ausgetauscht werden muß. Die Notwendigkeit bzw. Möglichkeit direkt die Dateien des Kerns zu manipulieren birgt zudem eine nicht zu unterschätzende Fehlerquelle.
Da die Systemfunktionen meist in einer Standard-Programmiersprache - wie z.B. C oder C++ - implementiert sind, können sie sehr flexibel programmiert werden und auf nahezu alle Eigenschaften des zugrundeliegenden Betriebssystems zugreifen. Unter Verwendung maschinennaher Datenstrukturen und Methoden können dabei sehr effiziente Algorithmen realisiert werden. Ihre Programmierung kann sich allerdings als relativ aufwendig oder schwierig erweisen, wenn auf dieser Sprachebene keine für das Problem geeigneten Datenstrukturen zur Verfügung stehen und zunächst noch implementiert werden müssen. Andererseits erfordert die Verwendung interner Datenstrukturen des CA-Systems meist einen tieferen Einblick in dessen Aufbau und Arbeitsweise, um diese in korrekter Weise und effizient nutzten zu können. Die Flexibilität und Effizienz gegenüber der Programmierung auf Ebene der CA-Sprache wird unter anderem durch den Verzicht auf Automatismen und „Überrollbügel" erkauft. Größere Algorithmen - wie zum Beispiel die Faktorisierung multivarianter rationaler Polynome - sind als Systemfunktionen kaum vorstellbar, da sie in dieser Weise nur sehr umständlich zu implementieren sind, was ihre Wartung und Erweiterung erschwert. Zudem würden sie als statische Bestandteile des CA-Kerns, diesen aufblähen und den Systemspeicher in den meisten Fällen unnötig belasten.

Die Bibliotheksfunktionen oder Prozeduren lassen sich dagegen wesentlich einfacher und bequemer programmieren. Für sie stehen komplexe Datenstrukturen wie zum Beispiel Matrizen, Polynome, Tabellen, Listen und Mengen zusammen mit den dafür typischen Operationen zur Verfügung. Hierdurch kann der Anwender auch komplexe Algorithmen mit relativ wenig Aufwand implementieren und das CA-System so auf der Basis der CA-Sprache, d.h. der bereits

[10]Bei UNIX-Systemen mit virtueller Speicherverwaltung zähle ich in diesem Fall auch den swap-Bereich dazu. Bei MSDOS+Windows 3.x entspricht dies in etwa der Auslagerungsdatei.

bestehenden Anwenderfunktionen, erweitern. Echte (beliebige) Erweiterungen oder der Zugriff auf interne Datenstrukturen des CA-Systems sowie spezielle Eigenschaften des zugrundeliegenden Betriebssystems oder der Hardware sind hiermit allerdings nicht möglich. Der Anwender ist hier durch die Möglichkeiten der CA-Sprache beschränkt, die in erster Linie für komplexe mathematische Anwendungen ausgelegt ist und keine maschinennahe Programmierung zuläßt.

Da die Bibliotheksfunktionen selbst Objekte und Datenstrukturen innerhalb der CA-Sprache sind, können sie während einer CA-Sitzung durch den Anwender üblicherweise - genau wie algebraische Ausdrücke - beliebig definiert, manipuliert und wieder gelöscht werden. Sie stellen somit keine statische sondern eine dynamische Speicherlast dar. Da sie zur Laufzeit vom Evaluierer interpretiert werden müssen, sind sie im Vergleich zu den Systemfunktionen relativ langsam.

Fazit: Bei der Implementation neuer Anwenderfunktionen muß der Entwickler nun stets das „Für und Wider“ beider Funktionsklassen abwägen. Da die Geschwindigkeit oft das herausragende Argument ist, neigt man schnell dazu, eine Systemfunktion zu implementieren. Viele Systemfunktionen blähen jedoch den Kern auf, belegen den Speicher statisch und erhöhen zudem den Wartungsaufwand für den Kern. Erfahrungsgemäß führt dies zu einer erhöhten Fehleranfälligkeit des Systems. Bei einer Bibliotheksfunktion, falls die angestrebte Funktionalität als solche in der CA-Sprache realisierbar ist, müssen dafür im Gegenzug Geschwindigkeitseinbußen in Kauf genommen werden: Ein Nachteil, der in vielen Fällen durch den bereits oben erwähnten, wesentlich höheren Programmierkomfort ausgeglichen wird. Tabelle 2 faßt noch einmal die wesentlichen Eigenschaften der beiden Funktionsklassen zusammen.

Die Bibliotheksfunktionen decken als Basis zur Implementation eigener Algorithmen ein weites Spektrum der Anforderungen von CAS-Anwendern ab. Die aufgeführten Beschränkungen der Flexibilität und Geschwindigkeit gegenüber den Systemfunktionen sowie ein fehlendes Konzept zur Erstellung von Systemfunktionen durch den Anwender zeigt aber auch, daß dieser in seinen Möglichkeiten (unnötig) beschnitten wird. Dies ist ein Kritikpunkt der von CAS-Anwendern immer häufiger geäußert wird. Welche Konsequenzen dies in der praktischen Anwendung haben kann, zeigt anschaulich das im Anhang A.1.1 aufgeführte Beispiel zur Berechnung von Drachenkurven.

Aus den genannten Gründen ist es nun wünschenswert, daß dem Anwender eine weitere Klasse von Anwenderfunktionen zur Verfügung gestellt wird. Diese soll die positiven Eigenschaften der zuvor definierten Klassen vereinigen, zumindest jedoch einen guten Kompromiß darstellen und so die Flexibilität und Effizienz des CA-Systems steigern.

Systemfunktion	**Bibliotheksfunktion**
Bestandteil des CA-Kerns, statisch	Objekt der CA-Sprache, dynamisch
Änderungen erfordern den Eingriff des CA-Entwicklers in den Kern	Kann durch jeden Anwender programmiert und geändert werden
Standard-Programmiersprache ⟶ Maschinencode, schnell und flexibel	Eine interpretierte Datenstruktur → langsamer aber viel komfortabler
Beliebige von der CA-Sprache unabhängige Erweiterungen sind möglich	Erweiterbarkeit ist beschränkt durch die Möglichkeiten der CA-Sprache
Zur Implementation effizienter und maschinennaher Funktionen	Ermöglicht die komfortable Realisierung komplexer Algorithmen

Abbildung 2: Eigenschaften der System- und Bibliotheksfunktionen

Wie diese Klasse aussehen kann, welche Eigenschaften sie besitzt und welche Möglichkeiten sich damit für Anwender und Entwickler ergeben, soll im folgenden Abschnitt beschrieben werden.

1.2.3 Motivation eines neuen Konzeptes

Eine neue Klasse von Anwenderfunktionen soll die Lücke zwischen System- und Bibliotheksfunktionen schließen und dem Anwender so eine flexiblere - u.a. auch betriebssystem- oder hardwarenähere - Programmierung und Erweiterung des CA-Systems ermöglichen.

Externe Funktionen: Funktionen dieser neuen Klasse sollen zunächst als *externe Funktionen* bezeichnet werden. Um eine hohe Verarbeitungsgeschwindigkeit und die flexible Programmierbarkeit zu erreichen - und zwar ganz unabhängig von den möglichen Beschränkungen der mathematisch orientierten CA-Sprache -, soll auch für die neuen Funktionen eine Darstellung in Form von Maschinencode gewählt werden. Ihre Programmierung erfolgt daher am günstigsten in einer Standard-Programmiersprache, insbesondere der Implementationssprache des CA-Systems, unter Zuhilfenahme eines Standardcompilers.

Die neuen Funktionen sollen zwecks besseren Handhabung in Bibliotheken organisiert werden, die der Anwender während der Laufzeit des CA-Systems ein- und auch wieder ausladen kann. Im geladenen Zustand sollen diese, als dynamischer Bestandteil des CA-Prozesses in dessen Prozeßraum existieren, dabei vollen Zugriff auf die internen Datenstrukturen und Funktionen des CA-Systems sowie

auf wesentliche Eigenschaften des Betriebssystems haben. Der Anwender soll diese externe Funktionen in der gleichen Weise einsetzen können wie zuvor beschriebenen Anwenderfunktionen.
Es soll jedem Anwender ermöglicht werden, Funktionen dieser Klasse zu erstellen, und das CA-System durch optional ladbare Maschinencode-Funktionsbibliotheken zu erweitern. Dazu wird mit dem CA-System ein Präprozessor oder Compiler-Interface zur Seite gestellt, mit dem der Anwender den Quellcode seiner externen Funktionen zu einem speziellen, CAS-spezifischen Maschinencodeobjekt übersetzen kann.

Technische Bewertung: Ein wichtiger Vorteil dieser externen Funktionen ist, daß sie von ihren positiven Eigenschaften her (Flexibilität und Geschwindigkeit) den Systemfunktionen entsprechen, trotzdem aber weitgehend[11] unabhängig vom Kern implementiert und gewartet werden können. Da dafür kein weiterer Eingriff in den CA-Kern notwendig ist, kann dies von jedem CAS-Anwender getan werden kann. Insbesondere müssen dazu auch nicht die gesamten Quellen des CA-Systems zur Verfügung stehen bzw. veröffentlicht werden, sondern nur eine wohldefinierte Programmierschnittstelle zum CA-Kern (*Application Programming Interface, API*). Über die Auslegung des API, d.h. die Vollständigkeit der Dokumentation interner Datenstrukturen und Methoden, kann der Zugriff des Anwenders auf die internen Eigenschaften des CA-System dabei zudem skaliert und kontrolliert werden.
Die zuvor noch notwendige Modifikation und Neuerstellung des CA-Kerns entfällt in diesem Zusammenhang vollständig und bestehende Anwenderfunktionen können so jederzeit durch externe Funktionen ersetzt oder überladen[12] werden. Daneben bietet der potentielle Zugriff auf die Eigenschaften des Betriebssystems eine sehr einfache Möglichkeit Anwenderfunktionen zur Unterstützung spezieller Hardware- und Softwarekomponenten zu integrieren.[13]
Da die Bibliotheken der externen Funktionen auch ausladbar sein sollen, stellen sie im Gegensatz zu den Systemfunktionen im Arbeitsspeicher keine statische Speicherlast dar, sondern belegen diesen dynamisch, d.h. nur dann, wenn sie benötigt werden.[14] Das neue Konzept ermöglicht es, einige Systemfunktionen

[11] Änderungen im Kern können jedoch eine Anpassung externer Funktionen erfordern.

[12] Dies setzt einen Überladungsmechanismus in der CA-Sprache voraus. Vgl. z.B. [MuPAD], Abschnitt 2.3.19.2 *Overloading of Functions*, Seite 67 sowie [C++] Seite 32f.

[13] Zum Beispiel den Zugriff auf spezielle Arithmetik-/Koprozessoren oder ein Netzwerk.

[14] Ähnliche Funktionalität bieten manche Betriebssysteme für Codesegmente laufender Programme. Vgl. hierzu z.B. den Apple Macintosh *segment loader*. Die Effizienz dieses Mechanismus hängt dabei stark von der Aufteilung der Segmente ab und kann nicht - wie hier gewünscht - vom CAS-Anwender explizit gesteuert werden.

als externe Funktionen zu implementieren. Dies führt zu einer Modularisierung des Kerns, der damit kleiner und besser wartbar wird. Genauso können Bibliotheksfunktionen als externe Funktionen implementiert werden, um so einen höheren Durchsatz zu erzielen. Dabei muß berücksichtigt werden, daß die externen Funktionen nur auf der Ebene des Quellcodes betriebssystemunabhängig sein können. Der aus ihnen erstellte Maschinencode, das heißt die ladbare Bibliothek, ist natürlich nicht portabel. Dies ist aber keine Einschränkung, da es mit Hilfe des vom CA-System mitgelieferten Präprozessors bzw. Compiler-Interfaces nach dem Transfer des Quellcodes möglich sein soll, auf dem Zielsystem eine neue Maschinencode-Bibliothek zu erzeugen.

Dem Anwender erschließt sich damit die Möglichkeit, das CA-System nahezu beliebig zu erweitern. Oft haben Anwender für spezielle mathematische Probleme bereits eigene Programme und Datenstrukturen in üblichen Programmiersprachen entwickelt und möchten diese in ihrem CA-System auf einfache und effiziente Weise nutzen. Zudem werden derartige mathematische Pakete teilweise auch in Form von Quelldateien über *ftp*[15]-Server im Internet frei zur Verfügung gestellt. Als Beispiele seien hier nur zwei Pakete zur Langzahlarithmetik genannt: *PARI*, *thales*[16].

Datenaustausch: Sollen Daten zwischen einem CA-System und solchen Paketen bzw. Algorithmen ausgetauscht werden, so erfordert dies üblicherweise - bei dem Modell zweier voneinander unabhängiger Programme - eine Kommunikation über Dateien oder ein spezielles *Interprozeßprotokoll*.[17] Diese Art des Datenaustausches ist relativ langsam und kann niemals optimal sein. Wird der Algorithmus jedoch in eine externe Funktionen gefaßt, so kann die Kommunikation damit deutlich beschleunigt werden. Denn während die Kommunikation zwischen Programmen das Kodieren und Kopieren der Daten über einen Kommunikationskanal erfordert, werden mit den externen Funktionen, die sich nach Definition innerhalb des Prozeßraums des CA-Kerns befinden, nur Referenzen auf Daten ausgetauscht. Der Kommunikationsaufwand ist in diesem Fall bezüglich der Zeit und des Speicherplatzes sehr gering und insbesondere konstant, weil diese Referenzen unabhängig von der konkreten Größe des referenzierten Datums ist. Ein hoher Kommunikationsaufwand fällt besonders dann ins Gewicht, wenn die übergebenen Datenmengen groß sind - dies ist in Anwendungen der Computeralgebra recht oft der Fall - oder die Funktion als Teil eines komplexeren Algorithmus häufig aufgerufen wird.

---

[15] File Transfer Protokoll, Standardprotokoll zum Datenaustausch im Internet.

[16] megrez.ceremab.u-bordeaux.fr:pub/pari bzw. crypt1.cs.uni-sb.de:pub/systems/thales

[17] Das CA-System Mathematica bietet diese Möglichkeit, vgl. Abschnitt 1.3.3.

Ein großer Pool an mathematischer Software kann so effizient - und durch den Anwender selbst - in das CA-System integriert werden. Der Zugriff auf diese Software ist für den Anwender dabei sehr einfach, da er sie genau so verwenden kann, wie er es von Anwenderfunktionen gewöhnt ist.

Die Akzeptanz eines CA-Systems hängt in zunehmendem Maße von der Möglichkeit ab, mit der es vom Anwender auf die eigenen Bedürfnisse angepaßt werden kann. Das hier motivierte Konzept kann dazu beitragen, diesen Anforderungen des Anwenders zu entsprechen.

Weitere Anwendungen: Externe Funktionen bieten die Möglichkeit eigene, ggf. auf ein spezielles Problem hin optimierte oder maschinennah programmierte Datenstrukturen mit den dazugehörigen Algorithmen in das CA-System einzubetten. Dazu wird neben dieser Datenstruktur eine zusätzliche Funktion implementiert, mit der Datenstrukturen des CA-Systems in das neue Datenformat konvertiert werden können - und umgekehrt.

Weiterhin bieten sich externe Funktionen auch als praktische Möglichkeit zur Implementation von Protokollen und Schnittstellen zur *Interprozeßkommunikation*[18] an. CA-Systeme sind nicht mehr nur isolierte Werkzeuge der reinen Mathematik, sondern finden ihre Verbreitung zunehmend in der Lehre und in vielen Zweigen der Produktion. Der Maschinenbau, wo symbolisches und numerisches Rechnen auf CA-Systemen sinnvoll mit der Anwendung von *CAD*[19]-Systemen und Simulationswerkzeugen kombiniert werden kann, sei hier nur als ein Beispiel genannt, stellvertretend für viele. Die Bedeutung derartiger Schnittstellen belegen aber auch die Aktivitäten des *Openmath*-Projektes,[20] in dem sich Entwickler von CA-Systemen zusammengeschlossen haben, um ein standardisiertes Protokoll zum Datenaustausch mit CA-Systemen zu schaffen. Die externen Funktionen können, insbesondere auf UNIX Systemen, bei entsprechender Eignung des CA-Kerns, die Basis einer solchen Implementation sein.[21] Dabei haben sie gegenüber den Systemfunktionen wieder den Vorteil, daß sie weitgehend unabhängig vom CA-Kern entwickelt, implementiert und gewartet werden können. Somit sind Änderungen und Erweiterungen des Protokolls unkompliziert. Die Modularisierung der CA-Software ist gerade bei diesem Beispiel besonders sinnvoll, da sie den Kern frei von den Spezialfunktionen und damit schlank und überschaubar hält.

Ein weiteres Einsatzgebiet der externen Funktionen ist das *Prototyping.* Der

[18] Vgl. hierzu auch die Kurzbeschreibung zum Modul „slave", Abschnitt A.2.4, Seite 133ff.

[19] Computer Aided Design, Software zur Konstruktion von Bauelementen

[20] Weitere Informationen gibt es im Web: http://www.can.nl/ abbott/OpenMath/

[21] Vgl. hierzu zum Beispiel das Modul „slave", Abschnitt A.2.4.

CAS-Entwickler hat die Möglichkeit seinen Algorithmus zunächst ohne Eingriff in den CA-Kern als externe Funktion zu entwickeln und zu optimieren; ehe diese letztendlich als eine Systemfunktion in den Kern übernommen wird. Derartige Prototypen können auch dem Anwender sofort und ohne nennenswerten Aufwand zur Verfügung gestellt werden. Diese Möglichkeit ist insbesondere bei direkten Kundenkontakten interessant, da sehr schnell und unkompliziert auf spezielle Wünsche eingegangen werden kann.

CA-Compiler: Als weitere Motivation für das vorgestellte Konzept der externen Funktionen sei ein *CA-Compiler* erwähnt. Dieser soll bestehende Prozeduren - die vom CA-System interpretiert werden müssen - auf Maschinencode-Funktionen abbilden, um so eine höhere Verarbeitungsgeschwindigkeit zu erzielen.[22] Das Abbilden der Prozeduren auf eigenständige Programme, die ggf. auch unabhängig vom CA-System verwendet werden können, ist nicht praktikabel. Es würde die bereits oben geschilderten Kommunikationsprobleme mit sich bringen und somit dem Anspruch an die Effizienz nicht genügen. Außerdem wäre es auch technisch nicht sinnvoll, da die übersetzten Algorithmen im allgemeinen einen Großteil der internen Datenstrukturen und Methoden des CA-Systems benötigen. So zum Beispiel die Langzahlarithmetik, eine üblicherweise vorhandene spezielle Speicherverwaltung des CA-Systems und auch weite Teile des Evaluierers und Simplifizierers. Sie müßten als isolierte Module des CA-Kerns vorliegen und in das zu erstellende Programm eingebunden werden. Dies ist in der Praxis aufgrund der engen Abhängigkeiten einzelner Module untereinander kaum durchführbar und schon allein von der Größe der dabei entstehenden Programme her inakzeptabel. Die externen Funktionen garantieren dagegen - ihrer Definition nach - den hier notwendigen Zugriff auf alle Eigenschaften des CA-Kerns sowie einen optimalen Datenaustausch zwischen dem Kern und der von CA-Compiler übersetzten Funktion. Daher ist das Konzept der externen Funktionen auch als Grundlage zur Implementation eines CA-Compilers gut geeignet.[23]

1.3 Vergleich verwandter Methoden

In folgenden Abschnitt sollen verwandte Konzepte aktueller CA-Systeme vorgestellt und bezüglich der zuvor gestellten Anforderungen bewertet werden.

[22]Eine erste Implementation für MuPAD wird in Kapitel 7 vorgestellt und diskutiert.

[23]Lisp-basierte CA-Systeme können eine vergleichbare Funktionalität bereits durch Grundeigenschaften der Programmiersprache Lisp ([Lisp]) zur Verfügung stellen. Vgl. hierzu 1.3.4.

1.3.1 Die Funktion `system`

Mit der Funktion `system` - wie sie beispielsweise in Maple[24] oder MuPAD[25] zur Verfügung steht - kann der Anwender unter dem Betriebssystem UNIX externe Programme und Betriebssystemkommandos aus dem CA-System heraus starten, wobei diesen Kommandozeilen-Argumente übergeben werden können. Eine weitere Kommunikation zwischen dem CA-System und einem externen Programm wird dabei nicht unterstützt und muß vom Anwender ggf. selbst über Dateien organisiert werden. CA-Systeme stellen typischerweise Funktionen zum Lesen von Zeichenketten und algebraischen Ausdrücken aus Dateien zur Verfügung, die in diesem Zusammenhang insbesondere zur Auswertung numerischer Daten eingesetzt werden können. Ein Beispiel:

```
>> system("date +%d > /tmp/nday ; date +%A > /tmp/wday"):
>> n:= read("/tmp/nday"):
>> w:= read("/tmp/wday"):
>> if n=13 and w=Friday then "Beware of black cats!" end_if;
```

1.3.2 Die Funktion `RunThrough`

Eine erweiterte Form der `system`-Funktion ist die Funktion `RunThrough`, wie sie z.B. in Mathematica[26] - oder in MuPAD als Modulfunktion `exec` im Modul `slave` - zur Verfügung gestellt wird. Hiermit kann unter dem Betriebssystem UNIX ein Programm als Filter gestartet werden. Es erhält dabei ggf. eine textuelle Eingabe und liefert eine Ausgabe die im CA-System dann als Zeichenkette (*character string*) gespeichert wird. Mit Systemfunktionen wie `text2expr` - in MuPAD[27] - können diese Ausgaben dann wieder als (algebraische) Ausdrücke interpretiert und manipuliert werden. Ein Beispiel:[28]

```
>> export(module(slave)):
>> n:= text2expr(exec("date '+%d'")):
>> w:= text2expr(exec("date '+%A'")):
>> if n=13 and w=Friday then "Beware of black cats!" end_if;
```

Die Funktionen `system` und `RunThrough` bzw. `exec` stellen einen sehr primitiven Mechanismus zum Zugriff auf externe Daten und Programme zur Verfügung.

[24] Vgl. hierzu [Maple] Seite 189.
[25] Vgl. hierzu [MuPAD] Seite 476.
[26] Vgl. hierzu [Math] Seite 482ff.
[27] Vgl. hierzu [MuPAD] Seite 484.
[28] MuPAD 1.2.2a auf Sun4/Solaris 2.5, unter Verwendung des dynamischen Moduls `slave`.

Der Aufruf dieser Funktionen initiiert dabei das Starten sowie das nachfolgende Terminieren eines Programms. Ein Vorgang der in Hinblick auf das angestrebte Einsatzgebiet externer Funktionen sehr zeitaufwendig ist. Der Datenaustausch ist in diesem Modell auf eine Eingabe zum Programmstart und die Entgegennahme einer Ausgabe nach der Terminierung des Programms beschränkt. Zudem bietet dieses Verfahren keine Möglichkeit innerhalb der externen Programme auf Eigenschaften des CA-Systems zuzugreifen.

Eine konsequente Weiterentwicklung dieser Idee ist die textbasierte strukturierte Kommunikation mit Programmen, die - im Gegensatz zu den Filtern - nicht bei jedem Zugriff neu gestartet werden müssen. Ein geeignetes (textbasiertes) Protokoll ermöglicht dabei einen begrenzten Zugriff des Programms auf Eigenschaften und Methoden des CA-Systems. Im folgenden Abschnitt wird ein kontretes Beispiel eines solches Protokolls vorgestellt.

1.3.3 Textbasierte strukturierte Kommunikation

Ein Beispiel der Realisierung einer textbasierten strukturierten Kommunikation ist im CA-System Mathematica zu finden und basiert dort auf einem Protokoll mit dem Namen *MathLink*[29].

Unter Verwendung einer speziellen Toolbox kann der Anwender hier Programme schreiben, die in der Lage sind mit Mathematica über das Protokoll MathLink zu kommunizieren. Neben dem Austausch typisierter Daten wie Zahlen, Zeichenketten, Listen, etc wird aus Mathematica heraus auch der Zugriff auf einzelne, speziell ausgezeichnete Funktionen dieses Programms ermöglicht. Der Anwender kann diese externen Funktionen dann genau wie System- und Bibliotheksfunktionen einsetzen. Zur Implementation der Programme wird die Programmiersprache C und ein entsprechender Standardcompiler verwendet.

Dieses Verfahren bietet auf den ersten Blick ähnliche Möglichkeiten wie das in Abschnitt 1.2.3 vorgestellten Konzept der externen Funktionen und ermöglicht dem Anwender eine flexible und einfache Erweiterung des CA-Systems. Mit ihm können die ebd. genannte Anforderungen jedoch nicht ganz erfüllt werden. So ergeben sich die bereits angedeuteten Probleme der Interprozeßkommunikation: Der Aufruf dieser externen Funktionen und die Übergabe der Ein- und Ausgabedaten sind hier relativ zeit- und speicheraufwendig,[30] da alle Daten über einen Kommunikationskanal kopiert werden. Zudem wird bei diesem Verfahren auch kein Zugriff auf die internen Datenstrukturen des CA-Systems ermöglicht. Soll innerhalb einer externen Funktion eine Routine des CA-Kerns aufgerufen

[29] Vgl. hierzu [Math] Seite 509ff.

[30] Vgl. hierzu auch Abschnitt 1.2.3, *Datenaustausch*, Seite 9.

werden - z.B., um einen Ausdruck zu differenzieren oder um die Langzahlarithmetik zu nutzen -, so geschieht dies ausschließlich auf der Ebene der CA-Sprache indem das MathLink-Protokoll eine Tastatureingabe simuliert.[31]

Dieses Verfahren bleibt damit weit zurück hinter den Möglichkeiten des in Abschnitt 1.2.3 motivierten Konzeptes. Es kann weder die Effizienz der Datenübergabe der ebd. spezifizierten externen Funktionen erreichen, noch das „Rechnen" auf der internen Repräsentation von Daten des CA-Systems zur Verfügung stellen. Beides sind jedoch wesentliche Kriterien um derartige CA-Algorithmen auch bei komplexen Problemen effizient nutzen zu können.

1.3.4 Lisp-basierte CA-Systeme

Zu den in der Sprache Lisp implementierten CA-Systemen zählen zum Beispiel *Axiom* und *REDUCE*. Sie heben sich von CA-Systemen mit anderen Implementationssprachen dadurch ab, daß sie spezielle Eigenschaften moderner LISP-Systeme nutzen können. So stellt *Common LISP*,[32] womit Axiom implementiert ist,[33] einen integrierten LISP-Compiler[34] zur Verfügung. Mit ihm können LISP-Funktionen in eine laufzeiteffizientere Form übersetzt und damit schneller ausgeführt werden. Als Zielsprache wird hierbei entweder direkt Maschinencode oder eine andere, implementationsabhängige und optimierte Repräsentation der Funktionen gewählt.[35] Der Code der übersetzten Funktion kann in einer Datei gespeichert und später als Funktionsbibliothek geladen werden. Der Compiler steht selbst als Routine der erweiterten Sprache LISP zur Verfügung. Somit ist es hier relativ einfach, einen Interpreter für ein CA-System zu implementieren, der diese Übersetzungsmöglichkeit - über den Weg der Zwischensprache LISP - auch für Objekte seiner eigenen CA-Sprache anbietet.

So kann *Axiom* Bibliotheksfunktionen in Maschinencode übersetzen und in Funktionsbibliotheken organisieren. Dies geschieht zum Beispiel mit einigen Standardbibliotheken.[36] Auch die vom Anwender erstellten Prozeduren können über diesen Mechanismus automatisch in Maschinencode übersetzt werden, um so eine möglichst hohe Verarbeitungsgeschwindigkeit zu erreichen. Der Vorteil derartiger CA-Systeme ist die Möglichkeit des Compilierens *on the fly*. Hierzu muß der Anwender den Compiler in Axiom zunächst mit der Anweisung „`) set functions compile on`" aktivieren. Von nun an wird jede Prozedur bei ihrem

---

[31]Nach mündlicher Aussage von Wolfram Research, Zürich - ICM '94. Vgl. ebenfalls [Math].

[32]Ein vollständige Beschreibung dieser Sprache ist z.B. in [Lisp] zu finden.

[33]Vgl. hierzu [Axiom] Seite 708 „garbage collection".

[34]Vgl. hierzu [Lisp] Seite 676ff.

[35]Vgl. hierzu [Lisp] Seite 676 und 685.

[36]Vgl. hierzu [Axiom] Seite 117, 710 „LISP".

ersten Aufruf automatisch übersetzt, wobei der Compiler sie entweder auf eine LISP-Funktion oder, wenn dies aufgrund ihrer Funktionalität sinnvoll erscheint, auf eine Maschinencode-Funktion abbildet. Der Compiler ist standardmäßig inaktiv, da der Übersetzungsaufwand relativ hoch ist und dieses Verfahren im wesentlichen nur für numerische Berechnungen empfohlen wird.[37]

Dem Anwender wird in der hier getesteten Version jedoch keine Möglichkeit gegeben, das CA-System auf elementarer Ebene durch eigene effiziente LISP- oder Maschinencode-Funktionen zu erweitern. Zudem wird kein Weg beschrieben, wie der automatisch erzeugte Maschinencode oder die vom Anwender geladenen binären Bibliotheken wieder aus dem CA-System ausgeladen werden können. Bei intensiver Nutzung wird daher viel Arbeitsspeicher belegt, insbesondere auch von den Funktionen, die während der Sitzung nur selten oder gar nicht mehr benötigt werden.

1.4 Zusammenfassung

Das vorgestellte Konzept eines Interprozeßprotokolls und die damit verfügbare Typ von externen Funktionen erhöhen die Flexibilität eines CA-Systems und ermöglichen dem Anwender eine relativ einfache Anbindung seiner eigenen Programme an den CA-Kern. Die Effizienz dieser externen Funktionen wird jedoch durch den Aufwand der Interprozeßkommunikation sowie die Tatsache begrenzt, daß Funktionen des CA-Kerns in diesem Fall nur mittels Simulation von Tastatureingaben[38] aufgerufen werden können. Damit eignet sich dieses Konzept auch nicht als Grundlage für einen CA-Compiler.

Hier bieten LISP-basierte Systeme aufgrund des integrierten LISP-Compilers bessere und je nach Anwendung auch effizientere Möglichkeiten. Allerdings wird dem Anwender in den hier getesteten Versionen kein Verfahren angeboten, mit dem er das System durch eigene LISP- oder Maschinencode-Funktionen - erstellt in einer Standard-Programmiersprache - flexibel erweitern kann.

Das in Abschnitt 1.2.3 vorgestellte Konzept der externen Funktionen richtet sich im wesentlichen an CA-Systeme, die nicht auf LISP basieren und somit auch nicht die Möglichkeiten eines integrierten Compilers nutzen können. Bei der folgenden Ausarbeitung des Konzeptes wurde besonderer Wert auf die Möglichkeit einer flexiblen und effizienten Erweiterung des CA-Systems durch externe Funktionen sowie der dynamischen und speicherfreundlichen Verwaltung dieser Maschinencode-Bibliotheken gelegt. Es wird berücksichtigt, daß dieses Konzept auch als Basis zur Implementation eines CA-Compiler dienen soll.

[37] Vgl. hierzu [Axiom] Seite 9, 117, 146, 148.

[38] Vgl. hierzu Seite 9, 13 und Fußnote 31.

2 Das Konzept der dynamischen Module

In diesem Kapitel wird ein betriebssystemunabhängiges Konzept zur Verwaltung von Maschinencode-Bibliotheken vorgestellt. Dazu wird zunächst der Begriff des *Moduls* und der *Modulfunktion* eingeführt und eine informelle Beschreibung des Modulverwaltungskonzeptes gegeben. Dies wird anhand eines Schichtenmodells verdeutlicht, dessen Ebenen im folgenden einzeln vorgestellt und zusammen mit ihren funktionalen Schnittstellen erläutert werden. Weitere technische Details sowie Probleme ihrer Realisierung werden in Kapitel 3 mit der Implementation dieses Konzeptes für das CA-System MuPAD beschrieben. Ein vollständiges Beispiel zur Modul-Programmierung in MuPAD 1.2.2 wird in Abschnitt 4.5 gegeben.

2.1 Definitionen

Definition: Ein *Modul* ist eine spezielle Maschinencode-Bibliothek mit Anwenderfunktionen, die während der Laufzeit des CA-Systems dynamisch in den CA-Kern eingebunden werden können. Dadurch stehen sie dem Anwender genau wie System- oder Bibliotheksfunktionen zur Verfügung. Bei diesen Anwenderfunktionen handelt es sich um speziell ausgezeichnete Funktionen des Moduls, die im folgenden als *Modulfunktionen* bezeichnet werden. Auf Modulen werden folgende Operationen definiert:

Einladen: Der Maschinencode des Moduls wird in den laufenden CAS-Prozeß eingebunden. Seine Funktionen werden dem Anwender durch eine Einbettung in den CAS-Interpreter zur Verfügung gestellt.

Ausladen: Der Maschinencode des Moduls wird aus dem laufenden CAS-Prozeß ausgeladen und, sofern es unter dem vorliegenden Betriebssystem möglich ist, auch aus dem Arbeitsspeicher des Rechners entfernt.[39]

Verdrängen: Als *Verdrängung* wird das automatische und algorithmisch gesteuerte Ausladen von Modulen bezeichnet. Die Verdrängungsstrategien der Modulverwaltung werden auf Seite 18 vorgestellt.

Aus technischen Gründen werden hier zwei Arten von Modulen unterschieden:

[39] **Anmerkung:** Die Einbettung seiner Modulfunktionen in den Interpreter des CAS bleibt davon unberührt. Sie wird unabhängig vom Maschinencode verwaltet. Vgl. hierzu auch Seite 18 zum Stichwort „Verdrängung ... transparent“.

Definition: *Dynamische Module* liegen als separate Maschinencode-Dateien vor und können zur Laufzeit dynamisch zum CA-Kernprozeß gelinkt, das heißt in den Kern eingebunden werden (*dynamic linkage*).

Definition: *Pseudomodule* werden beim Übersetzen des CA-Systems durch den Compiler statisch zum CA-Kern gelinkt (*static linkage*). Damit beschränkt sich das Ein- und Ausladen dieser Module auf das Aktualisieren von Verwaltungsstrukturen. Die Methoden Einladen, Ausladen und Verdrängen werden auch für Pseudomodule definiert, um im folgenden eine einheitliche Sicht auf beide Arten von Modulen zu haben.

Die Pseudomodule können die dynamischen „echten" Module simulieren und werden im wesentlichen unter Betriebssystemen eingesetzt, die dem Programmierer keine oder nur unzureichende Unterstützung geben, um Maschinencode-Segmente dynamisch zu laden und auszuführen. Damit ergibt sich die Möglichkeit, wichtige Module und ihre Anwenderfunktionen auch für diese Portierungen eines CA-Systems zur Verfügung zu stellen, wobei allerdings auf die Vorteile der flexiblen Arbeitsspeichernutzung dynamischer Module verzichtet werden muß.

Wenn im folgenden der Begriff Modul verwendet wird, so ist im allgemeinen ein dynamisches Modul gemeint. Einschränkungen, die Pseudomodule betreffen, werden besonders erwähnt.

Definition: Eine *Modulfunktion* ist eine ausgezeichnete Funktion eines Moduls. Sie wird beim Laden des Moduls in den Interpreter des CA-Systems eingebettet und steht dem Anwender dann wie eine System- oder Bibliotheksfunktion zur Verfügung.

Wenn im folgenden von Anwenderfunktionen gesprochen wird, so sind damit nun - ergänzend zu der Definition in Abschnitt 1.2.1 (Seite 4) - neben den System- und Bibliotheksfunktionen auch die Modulfunktionen gemeint.

2.2 Entwurfskriterien und Modellbildung

Das in Abschnitt 1.2.3 eingeführten Konzept der *externen Funktionen* wird nun über Modulfunktionen realisiert. Der Anwender hat hierbei die Möglichkeit die Module und Pseudomodule vergleichbar zu den in CA-Systemen sonst üblichen Bibliotheken zu laden und die enthaltenen Modulfunktionen auszuführen.

2.2.1 Verdrängungsstrategien

Dynamische Module können zur Laufzeit durch den Anwender ausgeladen werden, um Speicherplatz zu sparen. Zudem sorgen automatische Verdrängungsmechanismen der Modulverwaltung dafür, daß die Auslastung des Arbeitsspeichers optimiert und insbesondere Computersysteme mit einem kleinen Speicher vor einer übermäßigen Speicherbelastung geschützt werden. Dazu werden im wesentlichen drei Strategien mit den folgenden Verdrängungsursachen definiert:

1. Speichermangel: Die Verdrängung von Modulen darf durch alle Teile des CA-Kerns angeregt werden und bewirkt dann das Ausladen eines Moduls nach der *LRU* Methode (*least recently used*). Module können sich bei Speichermangel auch gegenseitig verdrängen, was insbesondere beim Laden eines zusätzlichen dynamischen Moduls zum Tragen kommen kann.

2. Maximalanzahl: Der Anwender kann die Anzahl der gleichzeitig geladenen Module und damit indirekt auch den durch die Module okkupierten Speicherplatz begrenzen. Ist diese Maximalanzahl erreicht, so verdrängt jedes neu zu ladende Modul ein altes nach der LRU-Methode.

3. Aging: Beim Modul-*Aging*[40] kann der Anwender ein Höchstalter für Module festsetzen. Ein geladenes Modul altert immer dann, wenn es nicht verwendet wird, also kein Zugriff auf das Modul oder eine seiner Modulfunktionen erfolgt. Jeder Zugriff läßt den *Alterungsprozeß* eines Moduls wieder von vorne beginnen. Erreicht ein Modul die vorgegebene Altersgrenze, so wird es automatisch ausgeladen.

Die Verdrängung der Module ist für den Anwender transparent, das heißt, er kann jederzeit auch die Funktionen verdrängter Module aufrufen. Die Modulverwaltung erkennt dies, lädt den Maschinencode des entsprechenden Moduls automatisch in den Arbeitsspeicher und bindet ihn wieder in den CA-Kern ein. Bis auf minimale Zeitverzögerungen bleibt das vom Anwender unbemerkt. Um diese Verdrängungsstrategien und ihre Transparenz zu ermöglichen, muß es eine strikte Trennung zwischen dem Maschinencode einer Modulfunktion und dessen Einbettung in den Interpreter des CA-Systems geben. Mit der Einbettung müssen dazu alle Informationen zum Nachladen des entsprechenden Moduls bereitstehen. Näheres hierzu wird auf Seite 29 sowie im Abschnitt 3.2.1 mit der Implementation der Modulverwaltung für das CA-System MuPAD beschrieben.

2.2.2 Modulattribute

Um die Einsatzmöglichkeiten von Modulfunktionen möglichst flexibel zu gestalten, wird eine Attributierung der Module vorgenommen und dazu zunächst die beiden folgenden *Attribute* definiert:

[40]Das Verfahren ähnelt dem von UNIX Systemen bekannten password aging.

static: Das Attribut *static* verhindert ein automatisches und unabsichtliches Ausladen eines Moduls. Trägt ein Modul dieses Attribut, so kann es nur vom Anwender explizit und unter Angabe einer speziellen Option ausgeladen werden. Dies ist notwendig, wenn auch asynchrone Funktionsaufrufe - das heißt direkte Einsprünge in den Maschinencode des Moduls unter Umgehung der Modulverwaltung - zugelassen werden. Andernfalls könnte der aktive Maschinencode versehentlich durch den Anwender oder die zuvor genannten Verdrängungsstrategien ausgeladen werden und das Programm damit unkontrolliert abbrechen. Typische Anwendungen asynchroner Funktionsaufrufe ergeben sich bei der Definition von *Interrupthandler* oder bei Timer-gesteuerten Funktionen innerhalb eines Moduls.

unload: Durch das Attribut *unload* wird das Modul zum frühest möglichen Zeitpunkt automatisch ausgeladen. Dieser Zeitpunkt ist implementationsabhängig, liegt aber in jedem Fall nach dem Abschluß des Ladevorgangs und der vollständigen Initialisierung des Moduls. Als Einsatzgebiet werden speicheraufwendige Module mit geringer Zugriffsfrequenz sowie Module deren Hauptfunkionalität in der Initialisierungsphase steckt, gesehen.

Damit sind die technischen Grundlagen gegeben, um Module auch in Bereichen einzusetzen, die eine asynchrone Behandlung von Ereignisse erfordern. Als Beispiel seien Schnittstellen und Protokolle zur asynchronen Kommunikation genannt. Die Attributierung kann erweitert und zukünftigen Bedürfnissen angepaßt werden.

2.2.3 Generische Objekte

Modulfunktionen werden in einer Standard-Programmiersprache wie `Pascal`, `ANSI-C` oder `C++` implementiert. Dies geschieht einerseits um deren Flexibilität und ihre Möglichkeiten des Zugriffs auf Betriebssystemeigenschaften zu nutzen, andererseits aber auch weil diese Programmiersprachen aufgrund ihrer weiten Verbreitung ein hohe Akzeptanz bei den Anwendern finden.

In einigen Fällen möchte der Anwender in einem Modul *CAS-Objekte* wie Langzahlen, Mengen, benutzerdefinierte Datentypen,[41] etc direkt als Konstanten in seinen Algorithmus einsetzen. Dabei stellt sich das Problem, daß es sich hierbei um dynamische Objekte des CA-Systems handelt, die üblicherweise durch den CAS-Parser generiert werden und in den genannten Programmiersprachen keine direkte, d.h. natürliche und für den Anwender handhabbare Darstellung besitzen. Daher gilt es zunächst eine geeignete Repräsentation sowie eine Methode

[41] Vgl. z.B. [MuPAD], Abschnitt 2.3.18, *Domains*, Seite 60.

zu finden, die es dem Anwender ermöglichen derartige Objekte sinnvoll und flexibel in Module einzubetten.

Die Repräsentanten von CAS-Objekten können dabei entweder sofort beim Laden des Moduls oder alternativ erst während der Ausführung einer betroffenen Modulfunktion in CAS-Objekte transformiert und der Funktion zugänglich gemacht werden. Sind sie dazu direkt im Modulcode definiert, so kostet dies neben dem Zeitaufwand zur Konvertierung auch zusätzlichen Speicherplatz, da die Objekte bei dieser Vorgehensweise jeweils zwei Darstellungen im Arbeitsspeicher besitzen. Daher soll hier ein anderer Weg beschritten werden.

Jedes CA-System bietet die Möglichkeit, Prozeduren und Daten aus Textdateien zu lesen. Genau wie Tastatureingaben werden sie durch den Parser behandelt und von ihm in CAS-Objekte transformiert; ein Vorgang wie er bei jedem Laden einer CA-Bibliothek (*library package*) eintritt. Dieser Mechanismus soll genutzt werden, um die Repräsentanten von CAS-Objekten mit dem Laden des Modulcodes aus einer zusätzlichen Datei zu lesen, zu transformieren und direkt als CAS-Objekte an die betroffenen Modulfunktionen zu binden. Dieses Verfahren spart Speicherplatz und ist laufzeiteffizient, da das Laden eines Moduls im Vergleich zum Aufruf seiner Modulfunktionen ein seltenes Ereignis ist.

Ein weiterer Vorzug dieses Verfahrens ist die Möglichkeit, der Erstellung *generischer Algorithmen.* Dabei werden gezielt problemrelevante Daten nach der obengenannten Methode aus dem Modulcode ausgelagert, um während der CA-Sitzung mit dem Laden des Moduls als CAS-Objekte eingebunden zu werden. Auf diese Weise können die Eigenschaften einer Modulfunktion jederzeit durch Modifikation der entsprechenden Textdatei und sogar während der Laufzeit - sofern das CA-System derartige Operationen unterstützt - auch durch Substitution der an die Modulfunktion gebundenen Objekte verändert werden. Aufgrund dieser Möglichkeit werden die so verwalteten Objekte im folgenden als *generische Objekte* bezeichnet.

Beispiel: Ein triviales Beispiel zum Umgang mit generischen Objekten ist eine Modulfunktion die einen gegebenen Wert a um 1 inkrementiert, wobei die Konstante 1 als ein generisches Objekt „1“ verwaltet wird. Beim Laden des Moduls wird die Konstante automatisch und direkt als das CAS-Objekt **1**[42] an die Modulfunktion gebunden. Substituiert man (ggf. zur Laufzeit) **1** durch den Wert **−1**, so kann dieselbe Modulfunktion nun auch zum Dekrementieren des Wertes a verwendet werden. Eine konkrete Implementation dieses Beispiels für das CA-System MuPAD wird in Abschnitt A.1.2 beschrieben.

Die Implementation generischer Algorithmen findet in der Computeralgebra

[42] In MuPAD entspricht dies einem Objekt vom Typ DOM_INT.

häufig Anwendung. Hier werden Funktionen gewünscht, die nicht nur ausschließlich auf einer konkreten algebraischen Struktur (wie z.B. dem Ring der Gaußschen Zahlen) operieren, sondern, gegebenenfalls nach Austausch einer von ihr verwendeten Methode, auch auf eine ganze Kategorie (z.B. auf alle kommutativen Ringe) angewendet werden können. Das hier vorgestellte Verfahren soll die Programmierung solcher Algorithmen unterstützen. Ein ähnliches Verfahren wird innerhalb des MuPAD `domains` package eingesetzt, um konkrete algebraische Strukturen aus abstrakten Kategorien abzuleiten.

Führt man diese Idee konsequent fort, so kommt man zur Implementation sogenannter *Hybridfunktionen*, bei denen nun beliebige CAS-Ausdrücke, CAS-Anweisungen und sogar ganze Teilalgorithmen als generische Objekte verwaltet werden. Dazu muß das CA-System lediglich eine interne Routine bereitstellen, mit der die Modulfunktion den Teilalgorithmus an den Evaluierer übergeben kann. Dort wird er interpretiert und das Ergebnis an die Modulfunktion zurückgeliefert. Diese Verknüpfung der CA-Sprache mit der Implementationssprache der Modulfunktionen ist, neben der damit gewonnenen Flexibilität, auch für den CA-Compiler[43] von großem Interesse. So werden hier alle Objekte, Ausdrücke und Anweisungen, die der CA-Compiler nicht - oder nicht effizient - übersetzen kann, einfach als generische Objekte verwaltet und zur Laufzeit dem Interpreter zugeführt. Ein weiterer Vorteil ist, daß hiermit eine *inkrementelle*,[44] das heißt schrittweise und modulare Entwicklung des CA-Compilers ermöglicht wird.

2.3 Ein Schichtenmodell der Modulverwaltung

Die Modulverwaltung wird nun anhand eines Schichtenmodells zerlegt und jede ihrer Ebenen einzeln vorgestellt und erläutert. Abbildung 3 stellt hierzu einen CA-Kern mit einem geladenen Modul schematisch dar. Die CAS- und betriebssystemabhängigen Ebenen sind dabei farblich unterschieden. Ziel ist es, die im unteren Teil abgebildeten Modulfunktionen in den oben dargestellten CA-Kern einzubinden. Hierzu werden die dazwischenliegenden Protokollschichten eingesetzt, um das Modul zu suchen und zu laden, die Modulfunktionen in den Interpreter des CA-Systems einzubetten und um den Zugriff des Moduls auf die internen Datenstrukturen des CA-Kerns zu ermöglichen.

Auch wenn das Konzept der Modulverwaltung betriebssystemunabhängig ist, werden auf unterster Ebene zunächst Primitivfunktionen benötigt, die auf einem konkreten Betriebssystem die Aufgaben des Ladens und Ausladens von

[43] Vgl. hierzu auch Seite 2. Der CA-Compiler und eine experimentelle Implementation für das CA-System MuPAD-1.2.1 wird in Kapitel 7 Seite 86ff beschrieben.

[44] Vgl. hierzu auch Seite 88.

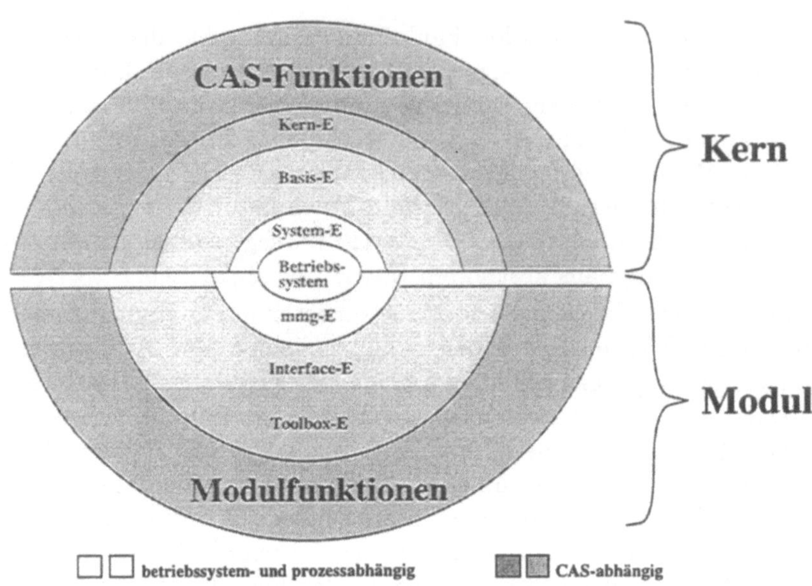

Abbildung 3: Schichtenmodell der Modulverwaltung

Modulen sowie den Einsprung in die Modulfunktionen realisieren. Diese sind in der *System-Ebene* angesiedelt, die nach außen als eine betriebssystemunabhängige Schnittstelle zum Betriebssystem dient. Auf ihr wird nun die eigentliche Modulverwaltung aufgebaut, die im folgenden als *Basis-Ebene* bezeichnet wird. Hier werden die Module und Pseudomodule betriebssystemunabhängig verwaltet sowie die Verdrängungsstrategien und die Modulattribute definiert. Die darüber liegende *Kern-Ebene* wird benötigt, um die Modulverwaltung nun in ein konkretes CA-System einzubetten. Hier werden die Modulfunktionen in den Interpreter des CA-Kerns eingebunden und so dem Anwender zugänglich gemacht. Zudem werden hier die generischen Objekte verwaltet und Systemfunktionen zum Laden und Ausladen der Module sowie zum Ausführen der Modulfunktionen implementiert. Die Abbildung 4 stellt die Vorgehensweise der Modulverwaltung beim Laden eines Moduls sowie bei der Ausführung einer Modulfunktion in einem vereinfachten Schema dar.

Auf die gleiche Weise werden auch die Module in logische Schichten unterteilt, wobei die vom Anwender programmierten Modulfunktionen am oberen Ende der Hierarchie stehen (in der Abb. oben). Damit der CA-Kern diese Modulfunktionen in den Interpreter einbetten kann, benötigt er Verwaltungsinformationen, wie z.B. die Anzahl und die Namen dieser Funktionen. Beides ist im Modul selbst bekannt und wird von ihm, sofort nachdem es geladen

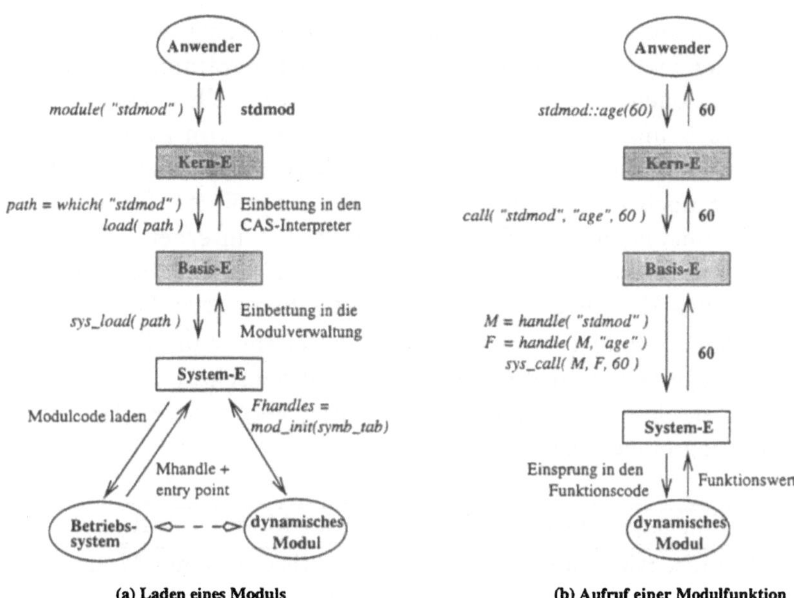

Abbildung 4: Ablaufdiagramme der Modulverwaltung

wurde, an den Kern gereicht. Hierfür ist die *mmg-Ebene* des Moduls zuständig, die dabei als Kommunikationspartnerin der System-Ebene des Kerns auftritt (vgl. Abbildung 3). Sie ist betriebssystemabhängig und wird für jedes Modul durch einen sogenannten *Modulgenerator*[45] (*mmg*) - woher sich ihr Name ableitet - automatisch generiert. Er initiiert danach auch die Übersetzung des erweiterten C-Codes zu einem dynamischen Modul (bzw. Pseudomodul).

Wie bereits gefordert, soll innerhalb des Moduls auf die internen Daten und Methoden des CA-Kerns zugegriffen werden können. Stellt das Betriebssystem einen dynamischen Linker[46] zur Verfügung, so kann dieser zum Laden und Einbinden des Moduls genutzt werden. Gleichzeitig ermöglicht er dem Modul auch den Zugriff auf alle globalen Funktionen und Variablen des Kerns.[47] Wird das dynamische Linken vom Betriebssystem nicht (vollständig) unterstützt, so muß das Modul gegebenenfalls über ein anderes Verfahren geladen und der Zugriff auf die Kernobjekte durch eigene Methoden vollzogen werden. Die grundlegenden Mechanismen dieser Methoden sind in der mmg-Ebene implementiert. Die hierauf aufbauende *Interface-Ebene* stellt dem Entwickler dann eine dem

[45] Wird mit der Implementation für das CA-System MuPAD-1.2.1 in Kap. 4 beschrieben.
[46] Vgl. hierzu auch die Seiten 31 und 50.
[47] Leider gibt es hier Ausnahmen. Vgl. hierzu Seite 53: „IBM-RS6000 ab AIX 3.1.5“.

dynamischen Linken analoge Kernschnittstelle zur Verfügung. Damit sieht der Modulentwickler keinen Unterschied zwischen der Programmierung von System- und Modulfunktionen, denn, genau wie im CA-Kern selbst, kann er alle Kernobjekte nun auch innerhalb des Moduls verwenden. Um auch einem weniger versierten Anwender die Programmierung von Modulfunktionen zu ermöglichen, wird zusätzlich noch eine sogenannte *Toolbox* eingeführt. Sie enthält Routinen, die den Umgang mit CAS-Objekten und den internen Datenstrukturen des CA-Kerns vereinfachen.[48] Abbildung 5 (S. 38) stellt die Vorgehensweise beim Zugriff eines Moduls auf ein Kernobjekt schematisch dar.

In den folgenden Abschnitten wird nun jede Modellebene mit ihrer funktionellen Schnittstelle vorgestellt und ihre wesentlichen Eigenschaften diskutiert. Dazu werden zunächst einige, in dieser Beschreibung verwendeten Datentypen der Modulverwaltung eingeführt:

Typ	Bedeutung dieses Typs innerhalb der Modulverwaltung
`nam_t`:	Repräsentiert den Namen eines Moduls oder einer Modulfunktion.
`mod_t`:	Repräsentiert die Verwaltungsstruktur eines Moduls. Als einzige betriebssystemabhängige Komponente enthält sie einen speziellen Handle zum Ausladen des Moduls
`fun_t`:	Repräsentiert die Verwaltungsstruktur einer Modulfunktion. Als einzige betriebssystemabhängige Komponente enthält sie einen speziellen Handle zum Einsprung in den Maschinencode der Modulfunktion
`arg_t`:	Repräsentiert zusätzliche Funktionsargumente, die innerhalb des CA-Kerns vom Evaluierer an eine System- oder Modulfunktion übergeben werden. (CAS-abhängig)
`cas_t`:	Repräsentiert ein CAS-Objekt wie es von einer System- oder Modulfunktion zurückgegeben wird. (CAS-abhängig)
`idx_t`:	Repräsentiert eine Indexmenge zum Zugriff auf eine statische Liste oder Tabelle.
`adr_t`:	Repräsentiert die Speicheradresse einer CAS-Kernfunktion oder -variablen im Arbeitsspeicher.
`exe_t`:	Repräsentiert eine ausführbare System- oder Modulfunktion als Objekt der CA-Sprache.

[48]Anmerkung zu MuPAD: Mit Release 1.3 wird diese Modul-Toolbox in den Kern verlagert, da sie hier zugleich auch die Kernentwicklung unterstützt und vereinfacht.

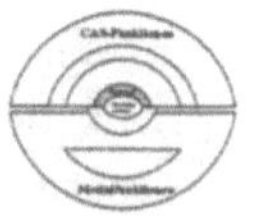

2.3.1 Die System-Ebene

Die System-Ebene dient als betriebssystemunabhängige Schnittstelle zum Betriebssystem und enthält alle notwendigen Grundfunktion zum Ein- und Ausladen von dynamischen Modulen. Falls das Betriebssystem es unterstützt, wird der Maschinencode des Moduls dynamisch gelinkt[46] oder durch ein vergleichbares Verfahren in den laufenden Prozeß eingebunden. Bietet es keine entsprechende Möglichkeit, so kann bei der Modulverwaltung nur auf Pseudomodule ausgewichen werden. In diesem Fall liefern die hier beschriebenen Funktionen nur einen entsprechenden Fehlerkode, da sie zur Verwaltung der Pseudomodule nicht benötigt werden.

Hier werden auch die Methoden definiert, mit denen der Kern letztlich in den Maschinencode eines dynamischen Moduls einspringt. Die dazu notwendigen Informationen erhält er über die speziell ausgezeichnete Initialisierungsfunktion `mod_init` des Moduls, die sofort nach dem Laden durch `sys_load` aufgerufen wird. Die Informationen werden dabei in eine betriebssystemunabhängige Verwaltungsstruktur eingebettet und nach außen (an die Basis-Ebene) gereicht. Die System-Ebene stellt dazu folgende Funktionen zur Verfügung:

sys_init() — Betriebssystemabhängige Initialisierungen

Eingabe: -

Ausgabe: -

`sys_init` wird beim Starten des Kerns genau einmal aufgerufen und führt die betriebssystemabhängigen Initialisierungen der Modulverwaltung aus.

sys_load() — Laden von Modulcode

Eingabe: `dname: nam_t`

Ausgabe: `modul: mod_t`

Das dynamische Modul `dname` wird über ein betriebssystemabhängiges Verfahren[49] aus dem Dateisystem des Rechners in den Arbeitsspeicher geladen und in den laufenden Prozeß eingebunden. Danach erfolgt ein initialer Einsprung in die speziell ausgezeichnete Initialisierungsfunktion `mod_init`[50] des Moduls, bei dem betriebssystemabhängige Initialisierungen vorgenommen werden. Die Funktion liefert dabei alle notwendigen Verwaltungsinformationen, die an dieser Stelle in die betriebssystemunabhängige Verwaltungsstruktur `modul` eingebettet werden.

[49] Implementationen dieser Verfahren werden in Abschnitt 3.2.3 vorgestellt.

[50] Diese Funktion wird mit der mmg-Ebene des Moduls in Abschnitt 2.3.4 beschrieben.

Die Adresse der Funktion `mod_init` wird entweder vom Betriebssystem mit dem Laden des Moduls bereitgestellt oder über ein spezielles und betriebssystemabhängiges Verfahren der Modulverwaltung ermittelt.[49]

Zu den verwalteten Informationen gehören u.a. ein *Modul-Handle* über den das Modul ausgeladen werden kann, die Anzahl und die Namen aller enthaltenen Modulfunktionen, die sogenannten Funktions-*Handle*[51] zum Aufruf der Modulfunktionen durch `sys_call`, sowie die Modulattribute und einen gegebenenfalls vom Anwender definierten Informationstext.

sys_unload() — Ausladen von Modulcode
Eingabe: `modul: mod_t`
Ausgabe: -

Das gegebene dynamische Modul wird über ein betriebssystemabhängiges Verfahren[49] aus dem Arbeitsspeicher entfernt, wobei die Bindung zum laufenden Prozeß aufgehoben wird.

sys_call() — Einsprung in eine Modulfunktion
Eingabe: `modul: mod_t, func: fun_t, args: arg_t`
Ausgabe: `object: cas_t`

Die Modulfunktion `func` des dynamischen Moduls `modul` wird mit den Argumenten `args` aufgerufen und ihr Funktionsergebnis zurückgegeben. Bei dem Funktionswert handelt es sich um ein Objekt der CA-Sprache.[52]

Der Einsprung in den Maschinencode der gegebenen Modulfunktion erfolgt über den sogenannten *Funktions-Handle*, der bei der Initialisierung des Moduls durch `sys_load` in die Funktions- bzw. Modul-Verwaltungsstruktur eingetragen wird.[51]

Mit Hilfe dieser vier Grundfunktionen wird nun in der Basis-Ebene eine betriebssystemunabhängige Modulverwaltung aufgebaut.

2.3.2 Die Basis-Ebene

Die Basis-Ebene stellt einen betriebssystemunabhängigen Verwaltungsmechanismus für Module und ihre Modulfunktionen zur Verfügung. Pseudomodule

[51]Vgl. hierzu auch Abschnitt 2.3.4 Seite 35ff.

[52]Anmerkung zu MuPAD: MuPAD verwendet eine zellenorientierte Speicherverwaltung. `cas_t` entspricht hier einer Zelle vom Datentyp `MTcell` bzw. `S_Pointer`. Vgl. hierzu auch Abschnitt 5.1.4 Seite 75 sowie [Mammut].

werden hier in gleicher Weise verwaltet wie dynamische Module, wobei für letztere die Methoden der System-Ebene herangezogen werden.

Wie bereits auf Seite 18 begründet wurde, gibt es in der Modulverwaltung eine strikte Trennung zwischen dem Maschinencode einer Modulfunktion und dessen Einbettung in den Interpreter des CA-Systems. Mit dieser Einbettung werden der Modulverwaltung alle zum Laden des entsprechenden Moduls notwendigen Verwaltungsinformationen zur Verfügung gestellt, wodurch es möglich ist jederzeit auch die Funktionen eines verdrängten Moduls - nach dem automatischen Laden desselben in den Arbeitsspeicher - aufzurufen. Alle Zugriffe der Kern-Ebene auf Module und ihre Verwaltungsstrukturen der Basis-Ebene werden daher ausschließlich über den eindeutig definierten Modulnamen vorgenommen. Hierzu werden die Module in einer bezüglich ihrer Namen lexikographisch sortierten Liste verwaltet.

In dieser Ebene werden insbesondere auch die in Abschnitt 2.2 vorgestellten Modulattribute mit den zugehörigen Methoden sowie die Verdrängungsmechanismen definiert. Die Schnittstelle der Modulverwaltung stellt dabei die folgende Funktionalität zur Verfügung:

init() — Betriebssystemunabhängige Initialisierung der Modulverwaltung

Eingabe: -

Ausgabe: -

Diese Funktion wird beim Starten des CA-Systems genau einmal aufgerufen und übernimmt alle betriebssystemunabhängigen Initialisierungen der Modulverwaltung. Sie ruft auch die Funktion `sys_init` auf.

reset() — Rücksetzen der Modulverwaltung

Eingabe: -

Ausgabe: -

Reinitialisiert die Modulverwaltung, wobei die Module - soweit sie nicht aktiv oder durch das Attribut *static* geschützt sind - ausgeladen werden. Viele CA-Systeme bieten eine Anwenderfunktion „`reset`“ an, durch die der Anwender das CA-System während seiner Sitzung reinitialisieren kann. Die vorliegende Funktion sollte dort eingebunden werden.

exit() — Beenden der Modulverwaltung

Eingabe: -

Ausgabe: -

`exit` wird beim Beenden des CA-Systems genau einmal aufgerufen. Sie führt zunächst die Funktion `reset` (s.o.) aus und gibt dann alle von der Modulverwaltung reservierten Speicherbereiche frei.

pmod_load() — Laden eines Pseudomoduls

Eingabe: `mname: nam_t`
Ausgabe: `modul: mod_t`

Wurde `mname` als ein Pseudomodul erkannt, so simuliert `pmod_load` den Aufruf der Funktion `sys_load`, indem sie die Verwaltungsstruktur zum genannten Modul liefert.

load() — Laden eines dynamischen Moduls

Eingabe: `mname: nam_t`
Ausgabe: `modul: mod_t`

Falls das Modul `mname` nicht bereits geladen ist, so ist es dem Kern entweder als Pseudomodul bekannt und wird über die Funktion `pmod_load` initialisiert, oder es wird als dynamisches Modul zunächst im Dateisystem gesucht und dann über die Funktion `sys_load` geladen und eingebunden. Die so aufgebaute Modul-Verwaltungsstruktur wird in die Modulliste einsortiert und erhält einen *Zeitstempel*. Er wird im folgenden beim *Aging* sowie bei der Modul-Verdrängung nach der *LRU*-Methode ausgewertet.

Beim Laden des Moduls kann es bei Speichermangel zu der in Abschnitt 2.2 beschriebenen Verdrängung zuvor geladener Module kommen.

unload() — Ausladen eines Moduls

Eingabe: `mname: nam_t, modul: mod_t, force: {on,off}`
Ausgabe: -

Das genannte Modul wird ausgeladen, wenn es nicht aktiv ist oder durch das Attribut *static* geschützt wird. Handelt es sich hierbei um ein dynamisches Modul, so wird zunächst die Funktion `sys_unload` aufgerufen. Danach wird seine Verwaltungsstruktur aus der Modulliste genommen und freigegeben.

Die Einbettung der Modulfunktionen in den Interpreter des CA-Systems bleibt hiervon unberührt. Vom Ausladen sind lediglich der Maschinencode und die dazugehörigen Verwaltungsstrukturen betroffen.[53]

Module, die durch das Attribut *static* geschützt sind, können nur unter Angabe der Option `force=on` ausgeladen werden. Diese muß dazu vom CAS-Anwender explizit gesetzt werden. Die automatischen Verdrängungsmechanismen laden die Module dagegen ausschließlich mit der Option `force=off` aus!

[53]Vgl. hierzu auch Seite 18 zum Stichwort „Verdrängung ... transparent".

call() — Aufruf einer Modulfunktion

Eingabe: `mname, fname: nam_t, args: arg_t`
Ausgabe: `object: cas_t`

Falls der Maschinencode des Moduls `mname` nicht bereits geladen ist, so erfolgt dies nun durch einen Aufruf der Funktion `load`. Die Modulfunktion `fname` wird dann mit den Argumenten `args` über die Funktion `sys_call` aufgerufen und ihr Funktionsergebnis zurückgegeben.

Während der Ausführung dieser Funktion wird das Modul als `aktiv` gekennzeichnet, so daß es nicht durch die automatischen Verdrängungsmechanismen ausgeladen werden kann. Nach dem Aufruf der Modulfunktion wird noch der *Zeitstempel* des Moduls aktualisiert, womit sein Alterungsprozeß[54] von neuem beginnt.

Eine Modulfunktion wird hier stets über ihren Funktions- und Modulnamen aufgerufen. Damit ist die auf Seite 18 geforderte, strikte Trennung zwischen ihrem Maschinencode und ihrer Einbettung in den CAS-Interpreter hier gewährleistet. Diese Adressierungsmethode ist betriebssystemunabhängig und ermöglicht auch das Nachladen eines (verdrängten) Moduls. Zudem toleriert sie Manipulationen an ausgeladenen Modulen, bei denen sich Namen und Anzahl von Modulfunktionen ändern können. Prozeßabhängige Zeiger und Indizes sind hierfür ungeeignet, denn sie können sich durch das Ein- und Ausladen und insbesondere durch die Manipulation von Modulen unbemerkt verschieben. Somit wäre die Unabhängigkeit der Kern-Ebene von der Basis-Ebene und die damit verbundene Transparenz[55] beim Aufruf nicht geladener bzw. verdrängter Module nicht mehr gewährleistet. Diese Unabhängigkeit ist nebenbei auch für die Modulentwicklung interessant, weil sie ein *rapid prototyping* unterstützt. Hier kann der Anwender das Modul während einer Sitzung immer wieder laden, testen, ausladen und verbessern. Zu guterletzt ist diese Adressierungsmethode auch für parallele und verteilte CA-Systeme in (heterogenen) Netzwerken geeignet. Hier würde eine Adressierung über prozeßabhängige Handles bei einem netzwerkweiten *data sharing* schnell zu Konflikten führen.[56] Außerdem hat die namentliche Adressierung der Funktionen den Vorteil, daß die (architekturabhängigen) Versionen eines im Netzwerk verwendeten Moduls nicht alle identisch sein und den gleichen Funktionsumfang haben müssen. Ungültige Aufrufe von Modulfunktionen können so trivialerweise erkannt und eine Fehlermeldung ausgegeben oder entsprechende Ausweichmaßnahmen ergriffen werden.[57]

---

[54]Vgl. hierzu auch Seite 18 zu den Stichwörtern „aging" und „LRU".
[55]Vgl. hierzu Seite 18 zum Stichwort „Verdrängung ... transparent".
[56]Vgl. hierzu z.B. Seite 42 und 44 zum Stichwort „shared memory".
[57]Vgl. hierzu auch Abschnitt 3.2.1, *Parallelität*, Seite 48.

Die beiden folgenden Funktionen definieren eine Schnittstelle zu den automatischen Verdrängungsmechanismen der Modulverwaltung. Sie können vom Kern- und Modulentwickler auch außerhalb der Modulverwaltung zur Freigabe von Arbeitsspeicher eingesetzt werden.

kick_out() — Explizite Verdrängung von Modulen

Eingabe: -

Ausgabe: -

Die Funktion entfernt zunächst alle mit dem Attribut *unload* versehenen Module. Findet dabei keine Verdrängung statt, so wird mit der *LRU*-Methode versucht, ein inaktives und nicht durch das Attribut *static* geschütztes Modul auszuladen.

Die Funktion `load` ruft `kick_out`, wenn sie beim Laden eines Moduls feststellt, daß nicht genügend Arbeitsspeicher zur Verfügung steht oder die maximale Anzahl gleichzeitig ladbarer Module überschritten wird. Der Aufruf darf auch von allen anderen Teilen des CA-Kerns - insbesondere der Speicherverwaltung sowie von Modulen selbst - vorgenommen werden.

aging() — Automatische Verdrängung von Modulen

Eingabe: -

Ausgabe: -

Die Funktion entfernt zunächst alle mit dem Attribut *unload* versehenen Module aus dem Arbeitsspeicher. Danach werden jene Module verdrängt, die das vom CAS-Anwender definierte Höchstalter überschritten haben,[54] sofern sie nicht aktiv oder durch das Attribut *static* geschützt werden.

Der aging-Algorithmus wird periodisch vom CA-Kern und zusätzlich von den Systemfunktionen `loadmod` und `unloadmod`[58] aufgerufen.

Soll bei der Verdrängung ein Realzeitverhalten erreicht werden, so kann der Algorithmus auch noch durch eine Timer-gesteuerte Funktion aktiviert werden.[59] Erfolgt die Implementation eines derartigen Mechanismus über ein Modul, so muß der Interrupt-Handler des Timers durch das Setzen des Modulattributs *static* vor dem automatischen Ausladen geschützt werden.

Obwohl der aging-Algorithmus üblicherweise sehr schnell ist, garantiert diese Funktion, daß er frühestens nach einem durch den Anwender veränderbaren Zeitintervall erneut durchlaufen wird. Dieser zusätzliche Schutz

[58] Diese Funktionen sind in der Kern-Ebene definiert, vgl. hierzu Abschnitt 2.3.3.

[59] Vgl. hierzu auch Seite 19 und Abschnitt A.2.3 zur Modulfunktion **age**.

hält den Verwaltungsaufwand zur Laufzeit so gering wie möglich und erlaubt es diesen Funktionsaufruf an zeitkritischen Punkten des CA-Kerns zur periodischen Aktivierung des aging-Algorithmus einzusetzen.

Damit eine Modulfunktion auf die internen Daten des CA-Kerns zugreifen kann, muß sie zur Laufzeit die Speicheradressen der entsprechenden Kernobjekte kennen. Üblicherweise wird dies - z.B. bei statisch gelinkten Programmen und damit bei *Pseudomodulen* - durch das Zusammenwirken von Compiler und Linker ermöglicht. Die logischen Speicheradressen von Funktionen und Variablen werden dabei in einer speziellen *Symboltabelle* verwaltet. Hierüber können die physikalischen Speicheradressen bereits beim Laden eines Programms ermittelt und durch das Betriebssystem direkt in dessen Maschinencode oder Symboltabelle eingetragen werden. Soll nun, wie beim Laden eines dynamischen Moduls, zusätzlicher Maschinencode in ein laufendes Programm eingebunden werden, so wird ein dynamischer Linker[60] benötigt, der den Maschinencode lädt und die Adreßevaluierung für die Funktionen und Variablen übernimmt. Stellt das Betriebssystem diese Möglichkeit nicht oder nur unvollständig zur Verfügung, so müssen hier eigene Methoden entwickelt werden, um die Speicheradresse eines Kernobjektes explizit zu ermitteln. Dies geschieht zur Laufzeit, wofür in der Kern-Ebene der Modulverwaltung eine eigene Symboltabelle `symb_tab`[61] definiert wird, auf die über die Funktion `object` zugegriffen werden kann:[62]

object() — Adreßfunktion für Kernobjekte

<u>Eingabe:</u> `obj_idx: idx_t`
<u>Ausgabe:</u> `obj_adr: adr_t`

`object` liefert die Speicheradresse eines durch den Index `obj_idx` eindeutig bestimmten Kernobjektes. Dabei greift sie auf die Symboltabelle `symb_tab` (siehe Kern-Ebene) zu, in der die Adressen aller (wesentlichen) Kernfunktionen und -variablen verwaltet werden.

`object` definiert eine injektive Abbildung von der Menge `idx_t` in die Menge `adr_t`, den Speicheradressen aller Kernobjekte.

An dieser Stelle können zusätzlich zentrale Zugriffsschutz- sowie *Debug*-Mechanismen definiert und Protokolle über Kernzugriffe geführt werden.

Die Funktion `object` kommt auch dann zum Einsatz, wenn der CA-Kern und das Modul mit verschiedenen, zueinander inkompatiblen Compilern übersetzt

[60] Vgl. hierzu auch Abschnitt 3.2.3 Seite 50f.
[61] Vgl. Seite 35.
[62] Technischen Voraussetzungen und Details werden in Abschnitt 3.2.3 diskutiert.

werden. Dies ist z.B. der Fall, wenn die Compiler zu einer gegebenen Funktion oder Variable verschiedene Namenseinträge in der Symboltabelle des Objektcodes erzeugen.[63] Die in Abschnitt 2.3.5 beschriebenen eigenen Methoden der Adreßevaluierung von Kernobjekten greifen auch in diesem Fall.

Damit ist die CAS-unabhängige Modulverwaltung vollständig beschrieben. Alle hier verwalteten Datenstrukturen sind lokal bezüglich eines Kernprozesses. Der folgende Abschnitt stellt eine kanonische Einbettung in ein CA-System vor.

2.3.3 Die Kern-Ebene

Mit dieser Ebene wird die Modulverwaltung in das CA-System eingebettet. Hierzu gehört die Einbindung der Modulfunktionen in den Interpreter des CA-Systems, d.h. das Bekanntmachen dieser Funktionen sowie das Etablieren von Aufrufstrukturen, und die Bereitstellung von Anwenderfunktionen zum Ein- und Ausladen von Modulen sowie zum Ausführen von Modulfunktionen. Erst dadurch werden die Modulfunktionen für den CAS-Anwender nutzbar.

Hier werden auch die Mechanismen zur Verwaltung der generischen Objekte[64] sowie die Symboltabelle `symb_tab` mit den Adressen aller (wesentlichen) Kernfunktionen und -variablen definiert.[65] Zusätzlich werden in dieser Ebene weitere CAS-abhängige Verfahren zur Unterstützung eines CA-Compilers definiert.

Die drei folgenden Funktionen stehen dem Kernentwickler für den Zugriff auf Module und Modulfunktionen zur Verfügung und werden in dieser Form auch als Systemfunktionen an den Anwender durchgereicht. Da es sich hier nur um eine konzeptionelle Beschreibung handelt und nicht um eine konkrete Implementation für ein CA-System, sind die Rückgabewerte nicht näher spezifiziert.

loadmod() — Laden eines Moduls
Eingabe: `mname: nam_t`
Ausgabe: `result: cas_t`

Das Modul (oder Pseudomodul) `mname` wird über die Funktion `load` geladen und die darin enthaltenen Modulfunktionen in den Interpreter des CA-Systems eingebettet. Falls zu diesen Modulfunktionen generische Objekte definiert wurden, so werden diese nun ebenfalls geladen und an die

[63] Zum Beispiel auf Sun/Solaris 2.5: Sun C++ 3.0 ↔ GNU g++ 2.7.2

[64] Diese werden in Abschnitt 2.2.3 auf Seite 19f eingeführt.

[65] Für den Fall, das der Linker dem dynamisch gebundenen Modul keinen Zugriff auf die Kernobjekte ermöglicht oder die Funktion `object` aus anderen Gründen genutzt werden soll.

Funktionen gebunden. Zum Aufruf der Modulfunktionen verwendet der Interpreter im folgenden stets die Funktion `call` der Basis-Ebene.[66]

unloadmod() — Ausladen eines Moduls

Eingabe: `mname: nam_t`

Ausgabe: `result: cas_t`

Die Angabe des Modulnamens ist hierbei optional. Die Funktion lädt den Maschinencode des genannten bzw. aller Module über die Funktion `unload` aus. Die Einbettung der Modulfunktionen in den Interpreter bleibt davon unberührt. Wird eine dieser Modulfunktionen im folgenden aufgerufen, so geschieht dies über die Funktion `call`, die den Maschinencode des Moduls dazu automatisch wieder einlädt.[67]

external() — Explizites Referenzieren von Modulfunktionen

Eingabe: `mname, fname: nam_t`

Ausgabe: `func: exe_t`

`external` erzeugt eine Einbettung der Modulfunktion `fname` bzw. des entsprechenden Maschinencodes des Moduls `mname` in den CAS-Interpreter, ohne das zugehörige Modul zu laden. Die Modulfunktion kann hiermit an einen Bezeichner (Funktionsname) gebunden oder ggf. durch Evaluierung des Rückgabewertes `func` direkt aufgerufen werden. Zum Aufruf der Modulfunktion verwendet der Interpreter die Funktion `call` der Basis-Ebene.

Die Funktion `external` erspart dem Anwender ein vorheriges Laden des Moduls über die Systemfunktion `loadmod` und verhindert so zugleich das Einbinden dessen restlicher Modulfunktionen in den CAS-Interpreter.[68]

Dies sind nur die grundlegenden Anwenderfunktionen zur Verwaltung der Module. Alle weiteren Verwaltungsfunktionen wie das Suchen von Modulen im Dateisystem oder auch das Steuern des aging-Algorithmus werden dem Anwender konsequenterweise in Form von Modul- oder Bibliotheksfunktionen zur Verfügung gestellt. Beispiele hierzu sind im Anhang A.2.2 und A.2.3 zu finden, wo das Standardmodul *stdmod* des CA-Systems MuPAD mit einigen Modulverwaltungsfunktionen vorgestellt wird. Die ebenfalls dort beschriebene Bibliothek `module` dient dabei als Benutzungsschnittstelle zur Modulverwaltung.

---

[66] Eine Beschreibung der MuPAD Funktion `loadmod` wird im Anhang S. 116 gegeben.

[67] Eine Beschreibung der MuPAD Funktion `unloadmod` wird im Anhang S. 117 gegeben.

[68] Eine Beschreibung der MuPAD Funktion `external` wird im Anhang S. 118 gegeben.

Die interne Schnittstelle der Kern-Ebene stellt die folgenden Funktionen und Variablen zur Verfügung:

which() — Suchen nach Moduldateien

Eingabe: `mname, suffix: nam_t`
Ausgabe: `mpfad: nam_t`

`which` sucht die Datei `mname` mit dem Suffix `suffix` im Dateisystem und liefert ihren absoluten Zugriffspfad. Die Funktion wird in der Kern-Ebene angesiedelt, da CA-Systeme für ihre Bibliotheken üblicherweise spezielle Suchverfahren anbieten, bei denen der Anwender die zu durchsuchenden Pfade über eine Variable des CA-Systems vorgeben kann. Dieses Verfahren soll ebenso für Module und dazugehörige Dateien wie z.B. die Datei der generischen Objekte, eine Moduldokumentation, etc verwendet werden. Ihre Dateinamen unterscheiden sich dabei nur durch ihren Suffix.

`which` wird von der Funktion `load` der Basis-Ebene verwendet. Zudem soll dem Anwender eine Modulfunktion `which` zur Verfügung gestellt werden, über die er die Existenz von Modulen prüfen und und ihren Zugriffspfad ermitteln kann.[69]

Die folgenden Funktionen dienen der Verwaltung von generischen Objekten:

init_generics() — Explizites Laden generischer Objekte

Eingabe: `func: exe_t`
Ausgabe: -

Bevor eine Modulfunktion auf ihre generischen Objekte zugreift, sollte sie einmal die Funktion `init_generics` aufrufen, um sicherzustellen, daß die Objekte zur Laufzeit vorhanden sind. Im Bedarfsfall werden die Objekte durch diesen Aufruf an den Funktionsrepräsentanten `func` gebunden

get_generic() — Referenzieren generischer Objekte

Eingabe: `gen_idx: idx_t, func: exe_t, copy: {1,0}`
Ausgabe: `gen_obj: cat_t`

Die Funktion liefert das durch den Index `gen_idx` eindeutig bestimmte generische Objekt der Modulfunktion `func`, bzw. eine Kopie von ihm.

[69] Die MuPAD Funktion `which` wird in Anhang A.2.3 mit dem Standardmodul *stdmod* beschrieben. Vgl. hierzu auch Abschnitt A.2.2.

Für den alternativen Link-Mechanismus[70] wird eine Symboltabelle (Adreßtabelle) der globalen Kernfunktionen und -variablen zur Verfügung gestellt:

symb_tab[] — Adreßtabelle für Kernobjekte

Diese Symboltabelle enthält die Speicheradressen aller (wesentlichen) globalen Funktionen und Variablen des CA-Kerns. Jedem Tabelleneintrag ist ein eindeutiger Index zugeordnet, über den die Adresse des assoziierten Kernobjektes ausgelesen werden kann. Der Zugriff erfolgt entweder direkt oder über die Funktion `object` der Basis-Ebene.

`symb_tab` definiert eine injektive Abbildung von der Menge `idx_t` in die Menge `adr_t`, der Speicheradressen aller Kernobjekte.

Anmerkung: Die Symboltabelle enthält nur die Objekte des Kerns, die in Modulen sinnvoll eingesetzt werden können. Das läßt die Symboltabelle nicht allzu groß werden und bietet als Nebeneffekt einen Schutzmechanismus für Kernobjekte an, auf die nicht direkt zugegriffen werden soll.

Damit sind die Verwaltungsebenen innerhalb des CA-Kerns vollständig beschrieben. Wie bereits erwähnt, werden aber auch im Modul spezielle Mechanismen zur Modulverwaltung benötigt. Diese, im unteren Teil der Abbildung 3 dargestellten Ebenen treten während der Modul-Initialisierungsphase als Kommunikationspartnerinnen des CA-Kerns auf bzw. dienen den Modulfunktionen als Schnittstelle zu den Kernobjekten. Die Verwaltungsebenen eines Moduls werden in den folgenden Abschnitten beschrieben.

2.3.4 Die mmg-Ebene

Diese Modulebene wird beim Generieren eines Moduls automatisch durch einen sogenannten *Modulgenerator*[71] (*mmg*) erstellt, von dem sich ihr Name ableitet. Um die Modulfunktionen in den Interpreter des CA-Systems einzubinden und dem Anwender dadurch zugänglich zu machen, braucht die Modulverwaltung Informationen über deren Anzahl und Namen. Dafür stellt das Modul eine ausgezeichnete Initialisierungsfunktion (`mod_init`) zur Verfügung, für die gewährleistet wird, daß der Kern ihre Adresse mit dem Laden des Moduls ermitteln kann. Sie wird zur Entgegennahme der Verwaltungsinformationen aufgerufen.

[70] Vgl. hierzu `object` auf Seite 31 sowie Abschnitt 2.3.5.

[71] Der Modulgenerator für das CA-System MuPAD wird in Kapitel 4 beschrieben.

Wurde so ein initialer Einsprung in das Modul gefunden, so können auch alle anderen Funktionen des Moduls entweder direkt oder indirekt aufgerufen werden.[72] Dazu werden sogenannte *Funktions-Handle* definiert, die entweder direkt die Speicheradresse einer Funktion oder einen entsprechenden Index in einem Sprungverteiler repräsentieren. Diese Handle sind betriebssystem- und prozeßabhängig und werden in die ansonsten betriebssystem- und prozeßunabhängige Funktions- bzw. Modul-Verwaltungsstruktur eingetragen.[73]
Die zweite Aufgabe der mmg-Ebene ist die Unterstützung des Zugriffs des Moduls auf Funktionen und Variablen des CA-Kerns. Dafür müssen im Modul zur Laufzeit die Speicheradressen der gewünschten Kernobjekte bekannt sein. Wie bereits in den vorherigen Abschnitten beschrieben, wird dies entweder durch einen dynamischen Linker[74] oder durch die Funktion `object` (Basis-Ebene) und die Symboltabelle `symb_tab` (Kern-Ebene) ermöglicht. Für den letzteren Fall wird dem Modul die Adresse der Funktion `object` mit dem initialen Einsprung übergeben, wodurch es die Speicheradressen der Kernobjekte ermitteln und auf diese zugreifen kann.

mod_init() — Initialisieren eines dynamischen Moduls
Eingabe: `object: adr_t`
Ausgabe: `modul: mod_t`

Die Adresse dieser speziell ausgezeichneten Initialisierungsfunktion des Moduls kann durch die Funktion `sys_load` nach dem Laden des Moduls sofort ermittelt werden.[75] Sie wird daraufhin aufgerufen und liefert die zum Aufbau der Modul-Verwaltungsstruktur notwendigen Informationen.

Beim Aufruf erhält sie die Adresse der Kernfunktion `object`, die im Modul in der Variable `kern_obj` gespeichert wird. Durch sie kann das Modul im folgenden die Speicheradressen aller (wesentlichen) Kernobjekte, insbesondere der Symboltabelle `symb_tab`, ermitteln und auf diese zugreifen.

Mit der Initialisierungsfunktion `mod_init` werden vom Modulgenerator auch die erwähnten Verwaltungsinformationen zusammengestellt und gegebenenfalls zusätzliche Basisfunktionen zur Verfügung gestellt, mit denen das Modul über die Variable `kern_obj` auf die Kernobjekte zugreifen kann. Dieser, bis dahin noch sehr technische Mechanismus wird durch die beiden folgenden Modulebenen zu einer komfortablen Schnittstelle ausgebaut.

[72] Als indirektes Verfahren kann in `mod_init` z.B. ein Sprungverteiler definiert werden.
[73] Vgl. hierzu auch die Funktionen `sys_load` und `sys_call` auf Seite 25 und 26.
[74] Vgl. hierzu auch Abschnitt 3.2.3 Seite 50.
[75] Eine technische Realisierung wird in Abschnitt 3.2.3 beschrieben.

2.3.5 Die Interface-Ebene

Die System- und mmg-Ebene bilden die Grundlage zum dynamischen Einbinden eines Moduls in den laufenden Prozeß des CA-Kern. Steht hierfür kein geeigneter dynamischer Linker[76] zur Verfügung[77], so kann das Modul auf die Kernobjekte zunächst ausschließlich über die Variable `kern_obj` (mmg-Ebene), unter Angabe eines entsprechenden Objektindizes, zugreifen. Technisch, aus Sicht der Programmiersprache `C`, geschieht dies in dem die Speicheradresse des Kernobjektes als ein untypisierter Zeiger ermittelt wird. Dieser muß für den Zugriff auf das dahinterstehende Objekt nun typisiert, das heißt, einer Typumwandlung (*type casting*) unterzogen werden. Danach kann das Kernobjekt (z.B. eine Funktion) über diesen Zeiger innerhalb des Moduls in seinem üblichen Kontext (z.B. einem Funktionsaufruf) verwendet werden.

Dieses sehr technische Verfahren wird vor dem Anwender (Programmierer) in der Interface-Ebene versteckt, wobei zugleich eine „vernünftige" Schnittstelle zum Kern definiert wird. Vernünftig heißt in diesem Zusammenhang, daß der Programmierer in gewohnter Weise auf die Funktionen und Variablen des Kerns zugreifen kann, also die gleichen Möglichkeiten hat, die ihm sonst ein dynamischer Linker zur Verfügung stellt. Der Entwickler sieht nun mehr keinen Unterschied zwischen der Programmierung von Systemfunktionen (im CA-Kern) und Modulfunktionen.

Die Interface-Ebene besteht daher aus der Implementation von Abbildungsketten der folgenden Art:

$$Abb.: \quad Name \longmapsto Index \longmapsto^{*} Adresse \longmapsto Kernobjekt$$

Der Index zum Namen eines Kernobjektes wird der Symboltabelle `symb_tab` (Kern-Ebene) entnommen und als fest angenommen. Die Abbildung (*) wird über die Variable `kern_obj` bzw. die dahinterstehende Kernfunktion `object` (Basis-Ebene) ausgeführt. An dieser Stelle ist ebenso ein direkter Zugriff auf die Tabelle `symb_tab` möglich.[78] Am Ende der Kette steht das *type-casting*, wodurch das Objekt dann in der im CA-Kern deklarierten Form vorliegt und eingesetzt werden kann.

---

[76] Vgl. hierzu auch Seite 31 und Abschnitt 3.2.3, Seite 50ff.

[77] Verschiedene C++ Compiler generieren für gleiche Objekte ggf. verschiedenartige Einträge in der Symboltabelle des Objektcodes. Entsprechende Codesegmente können dann nicht vollständig korrekt gelinkt werden. Daher muß auch in diesen Fällen auf die eigenen Methoden zur Adreßevaluierung zurückgegegriffen werden.

[78] Vor- und Nachteile beider Verfahren werden in Abschnitt 4.3, Seite 66ff beleuchtet.

In der Programmiersprache C kann diese Abbildungskette zum Beispiel effizient durch ein *Makro* implementiert werden. Für die Kernfunktion `which`[79] könnte dieses wie folgt aussehen:

```
#define which   (* (long (*)()) kern_obj(42) )
```

Damit kann der Funktionsname nun auch innerhalb der Module in seinem üblichen Kontext verwendet werden:

```
exist = which( "stdmod", ".mdm", &path ) ;
```

Die Graphik 5 faßt die hier verwendeten Methoden noch einmal zusammen und zeigt am Beispiel der Funktion `which`, welcher Mechanismus abläuft, wenn das Modul eine Kernfunktion aufruft. Der Zugriff auf eine Kernvariable geschieht in der gleichen Weise, wobei in der ersten Phase jeweils die Objektadresse ermittelt wird, so daß in der zweiten Phase der eigentliche Zugriff erfolgen kann.

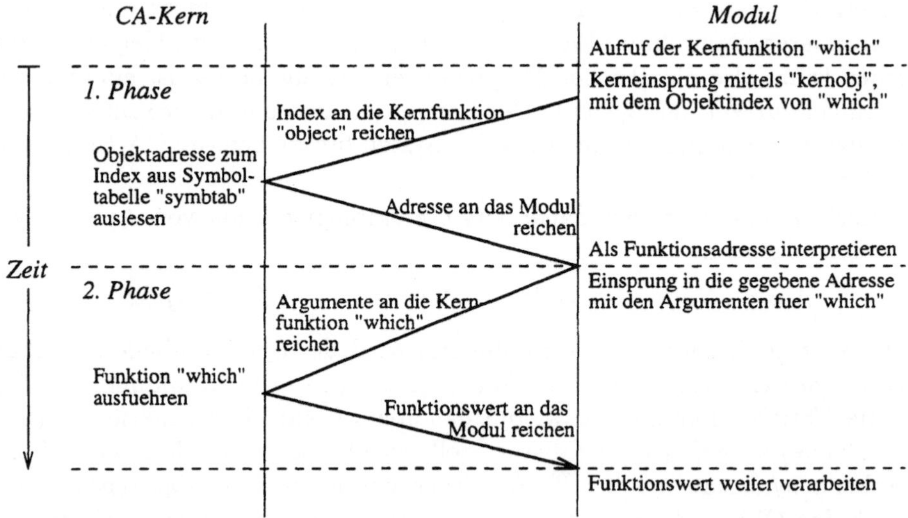

Abbildung 5: Aufruf einer Kernfunktion aus einem Modul heraus

[79]Die Funktion `which` wird auf Seite 34 beschrieben.

<u>**Anmerkungen:**</u> Wird in der System-Ebene (`sys_load`) ein geeigneter dynamischer Linker verwendet, so kann auf das Einbinden der Interface-Ebene verzichtet werden. In diesem Fall übernimmt der Compiler in Zusammenarbeit mit dem dynamischen Linker die Aufgabe der Adreßevaluierung. Die Namen der Kernobjekte können damit auch innerhalb des Moduls direkt und in gewohnter Weise verwendet werden. Wird die Interface-Ebene eingebunden, so überlagert sie die Adreßevaluierung des dynamischen Linkers. Dies kann zum Beispiel gezielt zum Debuggen von Modulen oder der Modulverwaltung eingesetzt werden. Vgl. hierzu `object` auf Seite 31.

Wird die Modulverwaltung in der Programmiersprache `C++` implementiert, so können für die Adreßevaluierung von Funktionen anstatt Makros besser `inline`-Funktionen eingesetzt werden. Dies wird in Abschnitt 3.3 diskutiert.

2.3.6 Die Toolbox-Ebene

Die zuvor beschriebene Interface-Ebene stellt dem CA-Kernentwickler eine geeignete Schnittstelle zur Programmierung von Modulfunktionen zur Verfügung. Für normale CAS-Anwender kann die Schnittstelle dagegen noch einige Hürden bergen, denn die Programmierung eines CA-Systems ist auf dieser Ebene nicht trivial und erfordert zumeist einen tiefen Einblick in dessen Arbeitsweise und die von ihm verwendeten Datenstrukturen.

Um die Programmierung für den Anwender zu erleichtern, wird nun zusätzlich eine sogenannte *Toolbox* eingeführt. Sie soll die Namen der Kernfunktionen und -variablen vereinheitlichen, einfache Zugriffsmechanismen auf die internen Datenstrukturen des Kerns bereitstellen und außerdem weitere häufig benötigte Methoden zur Verfügung stellen. Diese sind zum Beispiel:

- <u>Funktionsinitialisierung:</u> Falls die System- und somit auch die Modulfunktionen beim Aufruf eine spezielle Initialisierung erfahren müssen[80], so soll diese für die Standardfälle stark vereinfacht werden. Gleiches gilt für das Verlassen einer Modulfunktion.

- <u>Aufruf von Anwenderfunktionen:</u> Der interne Aufruf von Bibliotheksfunktionen erfordert gegenüber Kernfunktionen ggf. spezielle CAS-abhängige Methoden, die vor den Anwender weitgehend versteckt bzw. stark vereinfacht werden sollten.

[80]Als ein dynamischer Teil des CAS-Interpreters muß die Funktion ggf. Optionen des CAS-Interpreters auswerten, Funktionsargumente evaluieren, Typprüfungen vornehmen, ...

- Datenkonvertierung: Die elementaren Objekte der zur Modulprogrammierung verwendeten Sprache - wie zum Beispiel ganze Zahlen, Fließkommazahlen, boolsche Konstanten und Zeichenketten - sollen in CAS-Objekte konvertiert werden können. Ebenso soll auch die Rücktransformation im Rahmen der Maschinen-Wertebereiche möglich sein.

- Fehlerbehandlung: CA-Systeme stellen üblicherweise spezielle Mechanismen zur Behandlung von Laufzeitfehlern bereit. Diese sollen in Modulfunktionen auf einfache Weise angesprochen werden können.

- Sonstige Methoden: Zum Beispiel: Aufbau und Manipulation von CAS-Datenstrukturen, Typprüfung, Ein- und Ausgabefunktionen, ...

2.4 Anmerkungen zur Implementation

Bei einer Implementation der hier vorgestellten Modulverwaltung sollten folgende Punkte besondere Beachtung finden:

Laden von Maschinencode: Auf Betriebssystemen, die das Laden von Maschinencode nicht ermöglichen, können Pseudomodule unterstützt werden.

Segmentierter Speicher: Arbeitet das Betriebssystem mit einem segmentierten Speicher und segmentiertem Programmcode, so kann es beim Einsprung in den Modulcode Probleme mit falsch initialisierten Segmentregistern geben. Eine Lösung dieses Problems ist ggf. nur mit erheblichem technischen Aufwand zu erreichen. Ein *flat memory* Speichermodell ist daher stets zu bevorzugen.

Ausladen von Maschinencode: Einige Betriebssysteme ermöglichen zwar das Laden von Maschinencode, können diesen aber manchmal nicht oder nicht korrekt ausladen. Darum sollte das Sperren der Ausladefunktion `load` ermöglicht werden, ohne daß dies die Funktionalität der Modulverwaltung darüber hinaus beeinflußt.

Transparenz: Die Kommunikation der Kern-Ebene mit der Basis-Ebene sollte sich auf betriebssystem- und prozeßunabhängige Daten beschränken, um die Einbettung der Modulfunktionen in den Interpreter des CA-Systems unabhängig von den automatischen Verdrängungs- und Nachladestrategien für den Modul-Maschinencode zu halten.

Netzwerk: Alle Objekte der Kern-Ebene (die Einbettung der Modulfunktionen in den CAS-Interpreter) sollten system- als auch prozeßunabhängig sein, um eine plattform- und netzwerkübergreifende Lösung zu ermöglichen.

Portierbarkeit: Die Trennung der vorgestellten Ebenen, insbesondere der Basis- und System-Ebene, sollte sich im Quellcode deutlich widerspiegeln, um weitere Portierungen der Modulverwaltung zu vereinfachen.

Nach dieser allgemeinen Darstellung des Modulkonzeptes und einer Modulverwaltung wird in den folgenden Kapiteln auf die konkrete Implementation für das CA-System MuPAD eingegangen. Hierzu gehört neben den Verwaltungsmechanismen des CA-Kerns auch ein Modulgenerator, der aus dem Quelltext der Modulfunktionen ein ladbares Modul generiert. Vgl. hierzu Kapitel 4.

3 Eine Modulverwaltung für MuPAD

In diesem Kapitel wird die Implementation des Modul-Konzeptes für MuPAD Release 1.2.2 vorgestellt und dabei insbesondere auf die technischen Verfahren zum dynamischen Einbinden des Maschinencodes eingegangen. Ein vollständiges Beispiel zur Modul-Programmierung in MuPAD 1.2.2 wird in Abschnitt 4.5 gegeben. Am Ende des Kapitels werden mögliche Änderungen und Erweiterungen der Modulverwaltung in folgenden MuPAD Releases sowie bei Verwendung von `C++` vorgestellt.

Das MuPAD *User's Manual* [MuPAD] enthält eine ausführliche Beschreibung dieses CA-Systems, in der die Programmiersprache und der Aufbau aller in ihr verfügbaren Datentypen und -strukturen beschrieben werden. An dieser Stelle sollen daher nur kurz jene Konzepte erläutert werden, die die Implementation der CAS-abhängigen Kern-Ebene entscheidend beeinflussen. Hierzu gehören einige Aspekte der Parallelität sowie der Speicherverwaltung [Mammut], die Organisation der Systemfunktionen und das Library-Konzept.

3.1 Konzepte und Eigenschaften von MuPAD

MuPAD ist als ein universelles (*general purpose*) und paralleles CA-System konzipiert und in der Programmiersprache `C` implementiert. Es ist - zur Zeit als sequentielle Version - sowohl für typische Personal-Computer, wie den Apple Macintosh, Amiga und PC-kompatible Rechner, als auch für verschiedene UNIX-Workstations verfügbar. Prototypen paralleler Versionen existieren für symmetrische Multiprozessormaschinen.[81] Zudem ist eine Netzwerk-Version geplant, bei der MuPAD als *verteiltes System* auf einem ggf. heterogenen Computer-Netzwerk arbeitet. Vgl. hierzu auch [TOM].

[81] Aug. 1996: *Sequent Symmetry*, *Sparc-Workstations*, *Silicon Graphics Convex/HP*.

3.1.1 Die Mikroparallelität

Grundlage der Parallelität in MuPAD ist die Speicherverwaltung *MAMMUT*,[82] die eine *shared memory*-Maschine simuliert. Dabei werden im parallelen Betrieb mehrere, jeweils sequentiell arbeitende MuPAD-Kerne zu einem sogenannten *Cluster* zusammengefaßt. Innerhalb eines Clusters erfolgt die Kommunikation über das *shared memory*, das die CAS-Objekte verwaltet und in dem alle Kerne auf denselben Pool von MuPAD-Variablen, Prozeduren und anwenderdefinierten CAS-Objekten zugreifen. Die Parallelität innerhalb eines Clusters wird in MuPAD als *Mikroparallelität* bezeichnet und stellt dem Anwender parallele Programmierkonstrukte wie parallele `for`-Schleifen oder parallele und sequentielle Blöcke zur Verfügung. Näheres wird in [KLUGE], [MuPAD] beschrieben.

Des weiteren gibt es in MuPAD die sogenannte *Makroparallelität*, die mehrere Cluster miteinander verbindet. Hier muß der Anwender die Kommunikation aktiv steuern, wobei er durch Systemfunktionen, zum Senden und Empfangen von CAS-Objekten, unterstützt wird. Da in der Makroparallelität die einzelnen Cluster unabhängig von einander und auf separaten Speicherbereichen (Pools) arbeiten, spielt sie für die Modulverwaltung keine Rolle.

Die einzelne MuPAD-Kern arbeiten stets sequentiell.[83] Daher kann die Basis-Ebene der Modulverwaltung im folgenden relativ einfach, das heißt ohne parallele Mechanismen implementiert werden. Die Mikroparallelität - dabei insbesondere das shared memory - beeinflußt aber in der Kern-Ebene entscheidend die Einbettung der Modulfunktionen in den CAS-Interpreter. Um dies zu verdeutlichen wird zunächst das Konzept der *Funktionsumgebung* vorgestellt.

3.1.2 Die Funktionsumgebung

Bei der Einbettung der Modulfunktionen in den CAS-Interpreter wird auf das in MuPAD bereits bestehende Konzept der Systemfunktionen zurückgegriffen. Es wird zu diesem Zweck erweitert und erlaubt dann in wesentlichen Bereichen[84] eine Gleichbehandlung von System- und Modulfunktionen. Aus diesem Grund wird nun kurz vorgestellt, wie die Systemfunktionen in MuPAD organisiert und evaluiert, d.h. durch den CAS-Interpreter ausgeführt, werden.

Jede Systemfunktion wird durch ein spezielles CAS-Objekt, einer sogenannten *Funktionsumgebung*[85] (`DOM_FUNC_ENV`) repräsentiert, die typischerweise an einen

[82] Diese wird ausführlich in der Arbeit [Mammut] beschrieben.

[83] Anmerkung: Ein *multi threaded* kernel ist derzeit nicht konkret geplant.

[84] Zum Beispiel die Handhabung ausführbarer Objekte, *Funktionsattribute*, *remember table*, die Darstellung unevaluierter Funktionsaufrufe, ... Vgl. hierzu [MuPAD].

[85] Vgl. hierzu [MuPAD], Abschnitt 2.3.16 *Functions Environments*, Seite 52.

Bezeichner (Variable) gebunden ist. In ihr sind wichtige Eigenschaften der Systemfunktion zusammengefaßt, wobei der Anwender auf diese zugreifen und sie mittels elementarer Anwenderfunktionen beliebig manipulieren kann. Die Abbildung 6 zeigt ein einfaches Beispiel einer Funktionsumgebung.

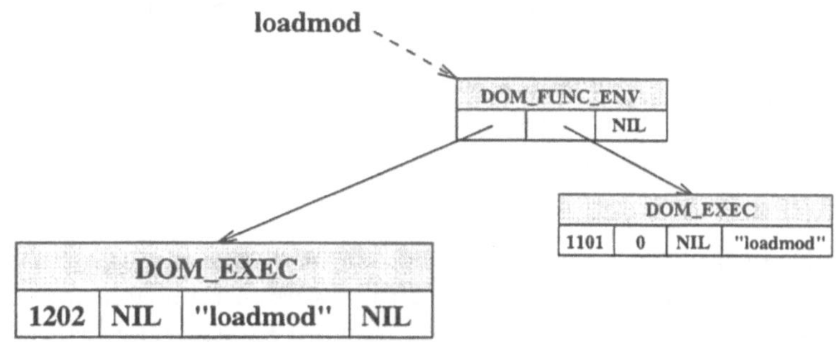

Abbildung 6: Die Funktionsumgebung der Systemfunktion `loadmod`

Die Funktionsumgebung der Systemfunktion `loadmod` in Abbildung 6 hat drei Söhne, wobei der zweite die Ausgabe steuert und der dritte entweder das CAS-Objekt `NIL` (`DOM_NIL`) oder eine Tabelle (`DOM_TABLE`) mit speziellen Funktionsattributen[86] enthält. Für die Einbettung der Modulfunktionen sind diese beiden Söhne nicht weiter von Bedeutung. Das wesentlichen Interesse gilt dem ersten Sohn. Dieser wird als *EXEC-Knoten* oder auch als „direkt ausführbares Objekt"[87] (`DOM_EXEC`) bezeichnet und enthält alle, zum Aufruf des Maschinencodes einer Systemfunktion, also der entsprechenden Kernfunktion, notwendigen Informationen. Hierzu gehört:

1.Eintrag: Er enthält einen Zeiger (s.u.) auf eine Kernfunktion, die vom Evaluierer angesprungen wird, wenn er die Funktionsumgebung im Kontext eines Funktionsaufrufes evaluiert. Dabei wird dieser Kernfunktion neben den Argumenten der Systemfunktion auch der EXEC-Knoten übergeben, so daß sie die folgenden Einträge auswerten kann.

Die Adressen dieser speziellen Kernfunktionen werden in einer statischen Liste verwaltet. Bei der Ausgabe eines EXEC-Knotens wird anstatt der Funktionsadresse stets ihr Index in dieser Liste angezeigt.

2.Eintrag: Er enthält entweder das MuPAD-Objekt `NIL` oder einen Zeiger auf eine zweite Kernfunktion. Dieser Eintrag wird zum Beispiel für die

[86]Die Funktionsattribute werden zum Beispiel vom Differenzierer und Simplifier genutzt. Vgl. hierzu [MuPAD], Abschnitt 2.3.16.1 *Attributes of Function Environments*, Seite 53.

[87]Vgl. hierzu [MuPAD], Abschnitt 2.3.17 *Directly Executable Objects*, Seite 55.

trigonometrischen Funktionen genutzt, die gleichartige Argumente erwarten und identische Initialisierungen benötigen. Diese werden von der ersten Kernfunktion zentral durchgeführt, die danach die zweite, eigentliche trigonometrische Funktion aufruft.

3.Eintrag: Er enthält den Namen (`DOM_STRING`) der Systemfunktion und ist für Spezialfälle gedacht in denen die Evaluierung der Funktionsumgebung ein Datum ergibt, welches u.a. einen nicht weiter zu vereinfachenden Ausdruck dieser Funktion selbst enthält. Hier wird der Funktionsname benötigt, der aus dem ursprünglichen Funktionsaufruf nicht in jedem Fall hervorgeht.[88]

4.Eintrag: Er enthält entweder das MuPAD-Objekt `NIL` oder eine sogenannte *remember table*[89] (`DOM_TABLE`). In ihr werden Funktionsergebnisse gespeichert und bei Bedarf über die zugehörigen Eingabewerte assoziiert. Dies erspart wiederholte, ggf. sehr aufwendige Neuberechnungen.

Zu beachten ist, daß die Funktionsumgebung ein Objekt im shared memory eines Clusters ist. Somit wird sie im gesamten Cluster, das heißt von allen MuPAD-Kernen in einem gegebenenfalls heterogenen Computer-Netzwerk genutzt. Dazu wird vorausgesetzt, daß alle Einträge in der Funktionsumgebung sowohl prozeß- als auch architekturunabhängig sind.[90]

Die Modulfunktionen werden in gleicher Weise wie die Systemfunktionen in erweiterte Funktionsumgebungen eingebettet. Wie dies konkret geschieht wird in Abschnitt 3.2.1 mit der Implementation der Kern-Ebene beschrieben.

Ein weiterer prägender Faktor für die Gestaltung und Anwendung von dynamischen Modulen ist das Library-Konzept, das definiert, wie externe Anwenderfunktionen in packages organisiert sind und von Anwender eingesetzt werden können. Das in MuPAD verwendete Konzept und die Benutzungsschnittstelle werden im folgenden Abschnitt vorgestellt.

3.1.3 Das Library-Konzept

Wie in Abschnitt 2.2 gefordert, soll das Modul-Konzept in ein bestehendes *Library*-Konzept eingegliedert werden, damit der Anwender die Module in ähnlicher Weise handhaben kann wie MuPAD-*Packages*. An dieser Stelle wird daher

[88] Beispiel: `d:= diff; d(f(x)*g(x),x);` → `f(x)*diff(g(x),x)+g(x)*diff(f(x),x)`

[89] Vgl. hierzu auch [MuPAD], Abschnitt 2.6.5.2 *The option remember*, Seite 114.

[90] Aus Effizienzgründen werden hier derzeit z.T. Zeiger auf Funktionen, also direkt Speicheradressen, verwendet und dafür Sorge getragen, daß alle Kerne eines Clusters identische Speicherabbildungen aufweisen. Unter UNIX wird dies durch Kopieren des ersten Kernprozesses mittels `fork()` erreicht. Für den Einsatz in heterogenen Netzwerken wird dies geändert.

kurz auf einige für den Anwender sichtbare Aspekte des Library-Konzeptes in MuPAD eingegangen. Zunächst ein kleines Anwendungsbeispiel:

```
>> type( loadlib("module") );
                                   DOM_DOMAIN
>> info( module );
           Library 'module': Utilities for module management
                                    Interface:
                                   module::load
                                   module::age
                                   module::which
                                   module::max
                                   module::stat
                                   module::help
                                   module::func
                                   module::unload
>> module::age();
                                            0
>> export( module );
          "Warning: 'load' already has a value, not exported"
          "Warning: 'max'  already has a value, not exported"
          "Warning: 'help' already has a value, not exported"
          "Warning: 'func' already has a value, not exported"
>> age();
                                            0
```

Das Package `module`[91] wird über die Funktion `loadlib` geladen, wobei ein globaler Bezeichner `module` definiert wird. Dieser verweist auf ein Objekt vom Typ *DOM_DOMAIN*, das neben den Prozeduren dieses Packages auch zusätzliche Verwaltungsinformationen sowie einen kurzen Informationstext für den Anwender enthält. Durch die Funktion `info` werden diese Informationen ausgegeben, wobei unter `Interface` jene Prozeduren des Packages aufgeführt sind, die der Anwender direkt aufrufen darf. Bei diesem Funktionsaufruf muß stets der Name des Packages mit angegeben werden, da die Prozeduren zunächst nur innerhalb des Domains `module` bekannt sind. Da diese Art des Aufrufes etwas umständlich ist, werden die Prozeduren des Packages im folgenden mit der Funktion `export` exportiert, das heißt global bekannt gemacht. Danach können sie auch direkt, ohne Angabe des Package-Namens, aufgerufen werden.

Diese Benutzungsschnittstelle wird in gleicher Weise für die Module eingesetzt. Einige Beispiele zum Umgang mit Modulen und Modulfunktionen werden in Abschnitt 4.5 sowie im Anhang A.1 gegeben.

[91] Benutzungsschnittstelle der Modulverwaltung, Vgl. hierzu Abschnitt A.2.2.

3.2 Die Implementation der Modulverwaltung

3.2.1 Die Kern-Ebene

Benutzungsschnittstelle: Hier werden die Systemfunktionen `loadmod`, `unloadmod` und `external` definiert, die im Anhang (S. 116ff) ausführlich beschrieben werden. Alle weiteren Verwaltungsfunktionen werden konsequenterweise nicht als statische Systemfunktionen sondern durch das dynamische Modul `stdmod`[92] und die zugehörige Benutzungsschnittstelle des Packages `module`[91] bereitgestellt. Hier sind die Funktionen `age` - zum Steuern des Modul-Agings - und `max` - zur Begrenzung der Anzahl gleichzeitig im Arbeitsspeicher befindlicher Module - definiert.[93] Mittels `which` kann der Anwender die Existenz eines Moduls überprüfen und dessen Zugriffspfad ermitteln. Die Funktion `stat` liefert Informationen über den aktuellen Zustand der Modulverwaltung und aller zu diesem Zeitpunkt im Arbeitsspeicher befindlichen Module. Alle im Anhang abgedruckten Beschreibungen der Module und Packages sind in derselben Form als Online-Dokumentation verfügbar und können in MuPAD über die Funktion `module::help`[94] angezeigt werden.

Beim Laden eines Moduls $\mathcal{M}$ durch die Funktion `loadmod` wird, genau wie bei den bereits beschriebenen Library-Packages, ein gleichnamiges *Domain* $\mathcal{M}$ erzeugt.[95] Als `Interface` werden dabei die vom Anwender definierten Modulfunktionen eingetragen. Im Unterschied zu dem *Library-Domain* eines Packages enthält das *Modul-Domain* anstatt der Prozeduren - bzw. zusätzlich dazu - die Funktionsumgebungen der Modulfunktionen.

Funktionsumgebungen: Abbildung 7 zeigt die Einbettung einer Modulfunktion. Im Vergleich zur Abbildung 6 fällt zunächst auf, daß hier der erste EXEC-Knoten erweitert wurde, während der Aufbau der beiden anderen Söhne unverändert bleibt.

Neu ist, daß der erste EXEC-Knoten im zweiten Eintrag den Namen des Moduls enthält, in dem die hier repräsentierte Modulfunktion definiert ist. Zusammen mit seinem dritten Eintrag, der wie üblich den Funktionsnamen enthält, stehen also alle Informationen zur Verfügung, um die Modulfunktion über die Mechanismen der Basis-Ebene aufzurufen und das entsprechende Modul dazu ggf. zuvor zu laden.[96] Diese Einträge sind sowohl prozeß- als auch betriebssystem-

[92]Das Standard-Modul `stdmod` wird in Anhang A.2.3 beschrieben.

[93]Vgl. hierzu auch Seite 18 zum Stichwort „Verdrängung".

[94]Beispiele: module::help("module"); module::help("help","module");

[95]Vgl. hierzu Abschnitt 3.1.3.

[96]Vgl. hierzu Seite 18: „Verdrängung" und Seite 29: „call".

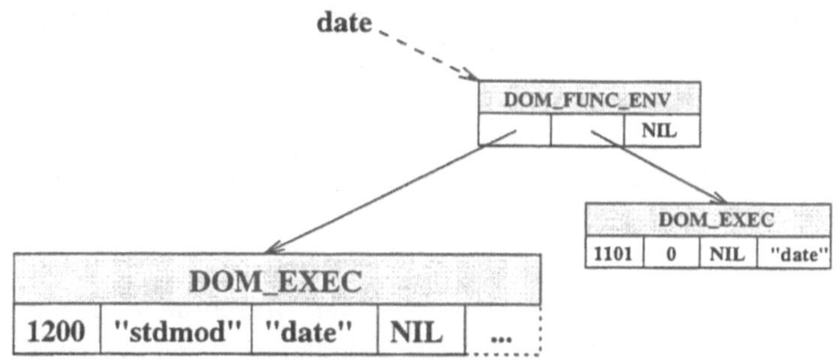

Abbildung 7: Die Funktionsumgebung einer Modulfunktion `date`

unabhängig, so daß sie problemlos in einem (heterogenen) Computer-Netzwerk zur Referenzierung der Modulfunktionen eingesetzt werden können. Die hier verwendeten Datenstrukturen werden somit den Anforderung der *Mikroparallelität* von MuPAD sowie den auf Seite 18 vorgestellten Verdrängungsstrategien der Modulverwaltung gerecht.

Zur Evaluierung der Modulfunktion verweist der erste Eintrag des ersten EXEC-Knotens auf eine spezielle Funktion $\mathcal{K}$ der Kern-Ebene, in die der Evaluierer zunächst einspringt. Diese isoliert den Modul- und Funktionsnamen aus dem EXEC-Knoten und ruft ihrerseits die Funktion `call`[97] der Basis-Ebene auf, wobei diese beiden Namen, die Argumente für die Modulfunktion sowie der EXEC-Knoten übergeben werden. Die Funktion `call` sorgt daraufhin für den Einsprung in den Maschinencode der Modulfunktion, wobei auch hier die Funktionsargumente und der EXEC-Knoten durchgereicht werden. Danach wird das Ergebnis von der Kernfunktion $\mathcal{K}$ entgegengenommen und über den Evaluierer und die Ausgabe an den CAS-Anwender geliefert.

Generische Objekte: Eine weitere wesentliche Aufgabe der Kern-Ebene ist die Verwaltung *generischer Objekte*.[98] Sind für eine Modulfunktion solche Objekte definiert, so werden sie beim Aufbau der Funktionsumgebung durch die Systemfunktionen `loadmod` und `external` in den ersten EXEC-Knoten hinter der *remember table* eingetragen. Dabei erhöht sich die Anzahl seiner Einträge genau um die Anzahl der zur Modulfunktion gehörigen generischen Objekte. Die Funktionsumgebung der Abbildung 7 enthält keine generischen Objekte, darum wird ihre Position dort nur durch Punkte $(\cdots)$ angedeutet. Da der EXEC-Knoten über die Funktion `call` an die Modulfunktion übergeben wird,

[97] Die Funktion `call` wird auf Seite 29 beschrieben.

[98] Diese werden in Abschnitt 2.2.3 auf Seite 19f eingeführt.

kann diese in einfacher Weise auf ihre generischen Objekte zugreifen. An der Anzahl der Einträge des Knotens kann die Funktion ablesen, ob die Objekte bereits eingebunden wurden oder sie selbst noch dafür Sorge tragen muß. Dazu sollte sie vor dem ersten Zugriff auf diese Objekte zunächst die Funktion `init_generics`[99] aufrufen. Ein Beispiel einer Modulfunktion mit generischen Objekten wird im Anhang A.1.2 vorgestellt.

Parallelität: Im parallelen Betrieb wird der Maschinencode eines Moduls zunächst nur auf dem Kern eines Clusters geladen, der den Aufruf der Systemfunktion `loadmod` evaluiert. Das dadurch definierte *Modul-Domain* ist damit aufgrund des *shared memory*[100] im gesamten Cluster bekannt und kann im folgenden auf jedem dieser Kerne zum Aufruf einer Modulfunktion evaluiert werden. Ist das Modul, d.h. sein Maschinencode, auf einem Kern zum Zeitpunkt des Aufrufes noch nicht geladen, so wird dies durch die Mechanismen der Basis-Ebene automatisch nachgeholt.
Es ist nicht sinnvoll, das Modul gleich auf allen Kernen des Clusters zu laden, weil dies zu diesem Zeitpunkt i.d.R. nicht notwendig ist und dadurch nur Speicher-Resourcen verschwendet würden. Dynamische Module sollen grundsätzlich nur bei Bedarf im Arbeitsspeicher geladen sein. Zudem würde die Fehlerbehandlung eine Synchronisation aller Kerne des Clusters erfordern, was möglichst vermieden werden soll. Das dynamische Modul wird auf den anderen Kernen automatisch geladen, wenn dort eine entsprechende Modulfunktion evaluiert, d.h. ausgeführt wird.
Ein weiterer Vorteil dieser Strategie ist, daß ein Modul nicht unbedingt für jeden Kern des Clusters zur Verfügung stehen muß. So darf es in einem heterogenen Netzwerk durchaus MuPAD-Kerne geben, die dynamische Module oder spezielle Modulfunktionen nicht unterstützen. Wird auf diesem Kern nun der Aufruf einer entsprechenden Modulfunktion evaluiert, so kann er entweder eine Fehlermeldung ausgeben oder aber entsprechende Ausweichmaßnahmen ergreifen. Dabei könnte die Ausführung der Modulfunktion an einen anderen, dazu befähigten Kern des Clusters verwiesen werden (*Migration*). Aufgrund fehlender Kommunikationsstrukturen wurden diese Mechanismus in MuPAD-1.2.2 noch nicht implementiert. Dies wird aber mit der Fertigstellung der Arbeit [TOM] möglich, in der die Grundlagen dieser Kommunikation erarbeitet und für MuPAD implementiert werden.

[99]Die Funktion `init_generics` wird auf Seite 34 beschrieben.

[100]Pool der CAS-Objekte. Die Kerne eines Clusters haben getrennten Programmcode.

Erweiterte Modulinitialisierung: Die MuPAD Kern-Ebene bietet dem Anwender noch eine zusätzliche Möglichkeit: Er kann in jedem Modul eine Modulfunktion mit dem reservierten Namen *initmod* definieren. Diese tritt nicht im `Interface` auf, sondern wird durch die Funktion `loadmod` automatisch beim Laden des Moduls ausgeführt. Hier können beispielsweise Initialisierungen weiterer CAS-Objekte, Sicherheitsabfragen oder Kontrollausgaben vorgenommen werden. Der Funktionswert von `initmod` wird verworfen, daher sollte hier stets das CAS-Objekt `NULL` (vom Typ `DOM_NULL`) zurückgegeben werden.[101]

Anmerkung zum C-Code: Die Kern-Ebene ist in der Datei `MDM_kern.c` definiert. Hier wird die Basis-Ebene `MDM_base.c` sowie die Datei `MDM_obj.c` mit der Symboltabelle (vgl. `symb_tab`) eingebunden. Dies ist der einzige Modulverwaltungscode der direkt in den MuPAD Programmcode eingebunden wird.

3.2.2 Die Basis-Ebene

Von der Kern-Ebene aus erfolgen alle Zugriffe auf die Module und ihre Modulfunktionen stets über deren Namen. Dazu sind die entsprechenden Verwaltungsstrukturen der Basis-Ebene lexikographisch nach den Modul- bzw. Funktionsnamen sortiert. Dies ermöglicht ein schnelles binäres Suchen und erlaubt zudem, daß die Modulfunktionen bereits bei der Erstellung des Moduls durch den Modulgenerator[102] in eine statische Funktions-Verwaltungsliste einsortiert werden. Diese Liste ist sehr kompakt und beschleunigt das Laden eines Moduls, da sie in dieser Form direkt in die Modul-Verwaltungsstruktur übernommen werden kann. Auf die Verwendung von *Hash-Tabellen* wurde aus diesem Grund verzichtet. Bei der geringen Anzahl der hier verwalteten Objekte[103] bringen sie keinen effektiven Vorteil, zumal der Aufwand der binären Suche im Gesamtaufwand des Aufrufes einer System- bzw. Modulfunktion nicht ins Gewicht fällt.[104] Außerdem ist die Verwaltung einer Hash-Tabelle, je nach Wahl der Methode zur Kollisionsbeseitigung, aufwendiger und weniger kompakt.

Wie bereits auf Seite 31 beschrieben, stellt die Basis-Ebene eine Funktion `object` für den Zugriff auf die *Symboltabelle* `symb_tab` (Kern-Ebene) zur Verfügung. In MuPAD prüft diese Funktion stets, ob der ihr übergebene Objektindex auch in einem gültigen Bereich[105] liegt und gibt auf Wunsch des Ent-

[101]Ein Beispiel zur Funktion `initmod` wird im Anhang A.1.2 vorgestellt.

[102]Vgl. hierzu Abschnitt 4.1 Seite 62ff.

[103]Typischerweise weniger als 10 Module bzw. 10 Modulfunktionen.

[104]Vgl. hierzu die Leistungsbewertung in Abschnitt 4.6 Seite 71ff.

[105]Um die Übersicht zu erhöhen und die Wartung damit zu vereinfachen, enthält die Symboltabelle Lücken (NULL-Einträge). Sie kann damit nur als eine partielle injektive Abbildung

wicklers zusätzliche *Debug*-Informationen aus.[106] Dies hat sich bei der schnell fortschreitenden Entwicklung des MuPAD-Kerns als sehr praktisch erwiesen, denn bei der Manipulation der *Symboltabelle* `symb_tab` und der Erstellung der dazugehörigen Makros der Interface-Ebene können sich leicht Fehler einschleichen,[107] die anders nur schwer nachzuvollziehen sind.

Anmerkung zum C-Code: Die Basis-Ebene ist in der Datei `MDM_base.c` definiert. Hier wird in Abhängigkeit vom vorliegenden Betriebssystem die entsprechende Implementation der System-Ebene eingebunden (siehe hierzu Abbildung 8). Die Funktionalität der Basis-Ebene kann durch folgende Definements gesteuert werden:

- NOMDM: Die Modulverwaltung wird vollständig deaktiviert. Das Flag wirkt ebenfalls auf die Datei `MDM_obj.c`, in der es alle Einträge der Symboltabelle ausblendet. Es wird auf Systemen gesetzt, für die zur Zeit keine Modulverwaltung unterstützt wird.
- NOMDM_UNLOAD: Deaktiviert das Ausladen von Modulen. Wird auf Systemen gesetzt auf denen das Ausladen von Modulen nicht oder nur fehlerhaft unterstützt wird.

3.2.3 Die System-Ebene

Wie bereits in Abschnitt 2.3.1 vorgestellt, werden hier die Grundlagen zum dynamischen Einbinden des Modul-Maschinencodes gelegt. Im Idealfall steht hierfür ein dynamischer Linker zur Verfügung, der den Maschinencode lädt und ihn - analog zu dem sonst üblichen Verfahren des statischen Linkens - in das nun laufende Programm einbindet. Dieses Programm hat dann den gleichen Funktionsumfang wie jenes, bei dem der Maschinencode des Moduls bereits mit dem Übersetzen des Programms statisch eingebunden wurde. Die Aufgabe des dynamischen Linkers, sowie die Möglichkeit ihn zu ersetzen, wird mit der Funktion `object` auf Seite 31f erklärt.

Einige Betriebssysteme liefern mit dem Laden des Maschinencodes die Speicheradresse einer im Code ausgezeichneten Funktion, dem sogenannten *entry point*. Andere Betriebssysteme bieten die Möglichkeit diesen über einen Funktionsaufruf zu ermitteln. Diese Adresse wird von der Modulverwaltung für einen initialen Einsprung in das Modul genutzt. Dies wird mit der Funktion `sys_load` auf Seite 25 und der Funktion `mod_init` auf Seite 36 beschrieben.

verstanden werden. Vgl. hierzu auch `symb_tab` Seite 35.

[106]Hierzu muß der MuPAD-Kern derzeit mit der Option `-DMDMDEBUG` übersetzt werden.

[107]Eine mögliche Lösung dieses Problems wird in Abschnitt 3.3 Seite 60f diskutiert.

Speichersegmentierung: Eine besondere Hürde stellen bei der Modulverwaltung Speichermodelle von Betriebssystemen bzw. Compilern dar, die ihren Arbeitsspeicher *segmentieren.* Dies ist zum Beispiel auf PC-kompatiblen Rechnern unter Windows-3.1 sowie auf dem Apple 68k-Macintosh unter der Betriebssystem-Version 7.1 der Fall. Die einzelnen *Segmente* werden hier über sogenannte *Basepointer* adressiert. Dabei setzt sich die *absolute* Adresse eines Speicherobjektes aus dem Basepointer des entsprechenden Segmentes und einem, bezüglich dieses Basepointers eindeutigen, *Offset* zusammen. Die Basepointer wichtiger Programm-Segmente, wie des *Code-Segmentes* (Programmcode), des *Data-Segmentes* (statische Daten wie z.B. Zeichenketten) und des *Stack-Segmentes* (dynamische Daten wie z.B. Funktionsargumente) werden dazu in speziellen Registern des Prozessors gehalten. Problematisch ist hierbei, daß die Speicherobjekte durch den Compiler häufig allein über ihr Offset adressiert werden, da sich der dazugehörige Basepointer oft aus dem Kontext ergibt und für einige Operationen durch die Prozessorarchitektur vorgegeben ist. So wird zum Beispiel für den Zugriff auf statische Variablen des Programms in der Regel der Basepointer des Daten-Segments verwendet, der dazu automatisch aus einem entsprechenden Register des Prozessors gelesen wird. Dies ermöglicht sehr kompakten Code und ist recht praktisch, solange man ausschließlich auf die Standard-Segmente des hier gestarteten Programms zugreift. Wird aber ein Modul geladen, so verwaltet es auf diesen Systemen üblicherweise sein eigenes Daten-Segment.

Wenn das Betriebssystem bzw. der Compiler ein *flaches* Speichermodell (*flat memory*) zur Verfügung stellt, bei dem auf die Speicherobjekte *linear*, das heißt hier direkt über die absolute Adresse, zugegriffen wird, so funktioniert alles reibungslos. Werden die Objekte jedoch über ihr Offset und somit implizit über die ausgezeichneten Segment-Register adressiert, so müssen diese beim Einsprung in das Modul sowie auch beim Rücksprung in den Kern entsprechend ausgetauscht werden. Nur so ist garantiert, daß der Kern bzw. das Modul korrekt auf seine eigenen statischen Daten zugreifen kann.

Ein weiteres Problem ergibt sich hier beim Austausch von Daten zwischen dem Kern und dem Modul. Bei der Übergabe einer Zeichenkette wird in der Programmiersprache `C` zum Beispiel nur die Adresse dieses Objektes übergeben. In diesen Fällen muß geprüft werden, zu welchem Segment das Objekt gehört und seine Adresse (das Offset) gegebenenfalls für die Adressierung bezüglich des „fremden“ Basepointers transformiert werden. Ist dies nicht möglich, so muß für den Zugriff auf das Objekt kurzfristig der Basepointer des entsprechenden Segment-Registers ausgetauscht werden. Dieses Verfahren ist recht aufwendig und erfordert neben der Kenntnis des Betriebssystems auch eine genaue Kenntnis der zugrundeliegenden Prozessorarchitekturen.

Auf die Unterstützung dieser Systemen wurde daher vorerst verzichtet.[108] Auch in Hinblick auf neue Betriebssystemversionen mit denen sich dieses Problem, durch Einführung eines *flat memory* Speichermodels, von selbst lösen wird.

Technische Realisierung: Im folgenden wird auf die technischen Verfahren eingegangen, die von der System-Ebene der Modulverwaltung unter den verschiedenen von MuPAD derzeit unterstützten Betriebssystemen zum Laden und Einbinden des Modul-Maschinencodes verwendet werden:

Sun (Sparc) ab SunOS-4.0.3 und SunOS-5.x (Solaris):

SunOS stellt einen dynamischen Linker *ld.so*[109] zur Verfügung, der in ein laufendes Programm sogenannte *shared libraries* einbinden kann. So wird unter SunOS nahezu jede Standard-Library auch als *shared library* angeboten, die von den entsprechenden Programmen dann beim Start eingebunden werden kann. Jede *shared library* liegt dabei höchstens einmal im Arbeitsspeicher vor, wobei mehrere Programme parallel auf ihren Code zugreifen können. Weitere Informationen hierzu sind in der Online-Dokumentation von Sun (*answerbook*) zu finden. Außerdem wird zum dynamischen Linker auch eine Programmierschnittstelle angeboten, die es dem Programmierer ermöglicht, *shared libraries* explizit in ein laufendes Programm einzubinden und diese später auch wieder auszuladen. Diese C-Funktionen heißen `dlopen`[110], `dlclose` und `dlsym` und werden in den gleichnamigen Online-Manuals beschrieben.

Die dynamischen Module werden hier nun ebenfalls als *shared libraries* organisiert, wobei der C-Quellcode des Moduls dazu speziell übersetzt und gebunden werden muß. Dieser Vorgang wird auf Seite 65 des Kapitels 4.2 mit der Implementation des Modulgenerators beschrieben.

Für die Realisierung der Module wird hier allein die Möglichkeit des dynamischen Linkens von *shared libraries* benötigt. Dabei werden diese automatisch so eingebunden, daß sie auf alle Objekte des CA-Kerns direkt zugreifen können und damit auf das Einbinden der Interface-Ebene verzichtet werden kann. Die Tatsache, daß eine *shared library* auch für mehrere Prozesse nur einmal im Arbeitsspeicher gehalten werden muß, bietet für den parallelen Betrieb auf einer Multiprozessormaschine noch einen zusätzlichen Vorteil.

[108]Stand Nov. 1995: Betroffene sind PC/Windows 3.11 und Apple Macintosh System 7.x.
[109]Vgl. hierzu die Online-Manuals: `man ld` und `man ld.so`.
[110]Vgl. hierzu das Online-Manual: `man dlopen`.

Nach dem Laden eines Moduls durch die C-Funktion `dlopen` wird die Adresse der Modul-Initialisierungsfunktion `mod_init` mit der C-Funktion `dlsym` ermittelt. Dazu wird der symbolische Namen verwendet, unter dem sie vom Compiler in die Symboltabelle des Objektcodes eingetragen wurde. Mittels `dlclose` kann das Modul danach jederzeit wieder ausgeladen werden.[111]

SGI (Indy) ab IRIX 5.1.1 und IRIX-6.x:

Hier wird die gleiche Schnittstelle verwendet wie unter dem Betriebssystem SunOS. Kleine Abweichungen ergeben sich nur beim Erzeugen der *shared library*. Dies wird in Kapitel 4.2, Seite 65 beschrieben.[112]

IBM-RS6000 ab AIX 3.1.5 und AIX 4.x:

Das Betriebssystem unterstützt das Laden von *object code*. Informationen hierzu sind in der Online-Dokumentation (*InfoExplorer*) und im Online-Manual zum Linker `ld` zu finden. Der object code wird hier über die Betriebssystemfunktion `load`[113] geladen, die dabei einen sogenannten *entry point* liefert. Für die Module ist dies die Adresse der Initialisierungsfunktion `mod_init`, die dazu beim Erstellen eines Moduls speziell ausgezeichnet wird. Dies wird in Kapitel 4.2, Seite 65 beschrieben. Das Modul kann jederzeit über die Betriebssystemfunktion `unload` ausgeladen werden.

Der Maschinencode wird beim Laden nicht so eingebunden, daß das Modul direkt auf die Kernobjekte zugreifen kann. Darum wird hier zur Evaluierung ihrer Speicheradressen unbedingt die auf Seite 37f beschriebene Interface-Ebene benötigt.

DECalpha unter OSF 1:

Hier wird die gleiche Schnittstelle verwendet wie unter dem Betriebssystem SunOS. Kleine Abweichungen ergeben sich nur beim Erzeugen der *shared library*. Dies wird in Kapitel 4.2, Seite 66 beschrieben.

HP ab HP-UX 9.0 und 10.x:

HP-UX unterstützt das Laden von *shared libraries*. Die Implementation der System-Ebene ist hier vergleichbar mit der unter dem Betriebssystem

[111]Unter SunOS 4.0.3 - 4.1.1 können *shared libraries* aufgrund eines Betriebssystemfehlers nicht korrekt ausladen. Vgl. *SunSolve* (Bugs, Patches) zum Stichwort „ld“. Hier wird der Kern mit der Option `NOMDM_UNLOAD` übersetzt. Vgl. hierzu Seite 50.

[112]Unter der Betriebssystem-Version IRIX-4.x wird das *shared library*-Konzept leider noch nicht angeboten. Hier können durch MuPAD nur Pseudomodule unterstützt werden.

[113]Vgl. hierzu das Online-Manual: `man load`.

SunOS. Weitere Informationen zu *shared libraries* und ihrer Programmierschnittstelle sind in den Online-Manuals zu `cc` und `ld` sowie den Betriebssystemfunktionen `shl_load`, `shl_unload`, und `shl_findsym` zu finden.

Vergleiche hierzu auch Seite 66 des Kapitels 4.2 wo die Implementation des Modulgenerators unter HP-UX beschrieben wird.

PC-Kompatible ab Linux/ELF 1.0:

Hier wird die gleiche Schnittstelle verwendet wie unter dem Betriebssystem SunOS. Kleine Abweichungen ergeben sich nur beim Erzeugen der *shared library*. Dies wird in Kapitel 4.2, Seite 66 beschrieben.[114]

PC-Kompatible ab NetBSD/FreeBSD 1.0:

Hier wird die gleiche Schnittstelle verwendet wie unter dem Betriebssystem SunOS. Kleine Abweichungen ergeben sich nur beim Erzeugen der *shared library*. Dies wird in Kapitel 4.2, Seite 66 beschrieben.

Weitere MuPAD-Portierungen existieren für die folgenden Betriebssysteme. Für sie ist die System-Ebene der Modulverwaltung jedoch noch nicht implementiert:

DECstation unter Ultrix 4.2:

Dieses System unterstützt derzeit keine *shared libraries*. Hier bietet sich in Zukunft aber vielleicht das unter GNU Lizenz entwickelte *dld-Paket* an. Für das Betriebssystem Ultrix existiert bereits eine dld-Portierung auf der Rechnerarchitektur *VAX*. Vgl. hierzu auch Fußnote 114.

PC-Kompatible mit Windows 95:

Windows 95 unterstützt sogenannte *Dynamic Link Libraries* (*DLL*), mit deren Hilfe dynamische Module realisiert werden können. Als Programmierschnittstelle werden hier die Funktionen `LoadLibrary`, `FreeLibrary`, `LibMain` und `GetProcAddress` angeboten.

MuPAD für Windows 95 läuft mit der sogenannten *Win32s* Schnittstelle Release 1.3 mit Einschränkungen auch unter Windows 3.11. Die Verwendung dieser Schnittstelle ist jedoch nicht unproblematisch, da sie insbesondere laufzeit- und speicherintensiv ist.

[114] Unter älteren Betriebssystemversionen mit dem `a.out` Binary-Format wird das *shared library*-Konzept in dieser Form leider noch nicht unterstützt. Hier kann jedoch das *dld-Paket* eingesetzt werden. Es ist frei verfügbar unter `tsx-11.mit.edu:/pub/linux/sources/libs/` Dort sind weitere Informationen und eine genaue Beschreibung der Funktionalität zu finden.

Apple Macintosh unter System 7.1: [115]

Der Mac bietet die Möglichkeit, sogenannte *Code-Resources* dynamisch zu verwalten. Hierbei ergeben sich jedoch die auf Seite 51 geschilderten Probleme mit der Segmentierung. Weitere Informationen hierzu sind im *Inside Macintosh* Band-I zu den Funktionen `OpenResFile`, `UseResFile`, `GetNamedResource` und `CloseResFile` auf Seite 115ff und in Band-II zu den Funktionen `HLock` und `HUnlock` auf Seite 41 zu finden. Der Umgang mit diesen *Code-Resources* wird im User's Guide des Think-C Compilers 6.0 auf den Seiten 284-289 beschrieben. Dort wird auch die Problematik der Segmentierung (*A4-/A5-World*) diskutiert.

Der neue Shared Library Manager, basierend auf dem Modern Memory Manager für den Apple PowerPC unter System 7.x, soll dieses Problem lösen, da er ein 32bit flat memory Model zur Verfügung stellt. Konkrete Tests konnten bisher aber nicht durchgeführt werden.

Die System-Ebene ist mit ihren wenigen Primitivfunktionen sehr klein und kann daher schnell für neue MuPAD-Portierungen angepaßt werden. Gleiches gilt für den Modulgenerator, der hierbei ebenfalls erweitert werden muß.[116] Er generiert die im folgenden beschriebene mmg-Ebene und steuert außerdem die betriebssystemabhängigen Compiler- und Linker-Aufrufe zum Übersetzen des Modul-Quellcodes zu einem ladbaren Modul. Diese betriebssystemabhängigen Aufrufe werden auf Seite 65ff beschrieben.

Anmerkung zum C-Code: Die System-Ebene wird in der Datei `MDM_base.c` eingebunden und ist für die genannten Betriebssysteme[117] in den in Abbildung 8 aufgeführten Dateien implementiert.

Quelldatei	System-Ebene für das Betriebssystem
`MDM_prim.c`	SunOS, Solaris, IRIX, Linux/ELF, OSF, NetBSD, FreeBSD
`MDM_hp.c`	HP-UX
`MDM_mac.c`	Apple PowerPC, System 7.5 (geplant)
`MDM_rs.c`	AIX
`MDM_win.c`	Windows 95 (geplant)

Abbildung 8: Quelldateien der System-Ebene

[115]Stand: Dez. 1995, Apple 68k-Macintosh.

[116]Vgl. hierzu Abschnitt 4.2 Seite 64ff.

[117]Stand: MuPAD Release 1.2.9, Mai 1996

Die Portierung der Modulverwaltung für ein neues Betriebssystem beschränkt sich innerhalb des Kerns auf die Anpassung einer der in Abbildung 8 aufgeführten Quelldateien bzw. auf das Nachbilden der dort gegebenen Schnittstelle.

3.2.4 Die mmg-Ebene

Wie auf Seite 49 näher erläutert wird, erstellt der Modulgenerator eine statische Verwaltungsliste aller Modulfunktionen. Jeder Eintrag dieser nach den Funktionsnamen lexikographisch sortierten Liste enthält neben diesem Namen auch einen betriebssystemabhängigen Handle, den die Funktion `sys_call` zum Einsprung in den Maschinencode dieser Modulfunktion nutzt. Hier wird bei allen bisherigen Implementationen direkt ein Zeiger auf die Modulfunktion verwendet. Für andere Systeme könnte der Handle aber auch aus dem Index eines Sprungverteilers oder dem symbolischen Funktionsnamen bestehen, wie er in die Symboltabelle des Compilers eingetragen wird. So wird ein symbolischer Funktionsname z.B. unter dem Betriebssystemen SunOS verwendet, um über die C-Funktion `dlsym`[118] die Speicheradresse der Initialisierungsfunktion `mod_init` zu ermitteln.

Modulinitialisierung: Der Routine `mod_init` wird beim initialen Einsprung in das Modul die Adresse der Funktion `object` (Basis-Ebene) übergeben. Sie ermittelt über ihn die Adresse der Symboltabelle `symb_tab` (Kern-Ebene) und speichert beide Zeiger für die spätere Verwendung. In der mmg-Ebene werden dadurch mehrere Arten der Adreßevaluierung von Kernobjekten ermöglicht. Diese werden zusammen mit dem Modulgenerator in Abschnitt 4 - insbesondere 4.3, Seite 66f - genauer vorgestellt. Die Adressen der Kernobjekte können dabei über einen indizierten Ausdruck der Form `KERN(42)`[119] ermittelt werden, hinter dem sich der Aufruf der Funktion `object` oder der direkte Zugriff auf die Symboltabelle `symb_tab` verbirgt.
Die Funktion `mod_init` liefert die Verwaltungsliste der Modulfunktionen, die Modulattribute[120] sowie einen durch den Modulgenerator eingetragenen Informationstext[121]. Die Daten werden in der System-Ebene gegebenenfalls aufbereitet und zur Verwaltung des Moduls an die Basis-Ebene weiter gereicht.

---

[118] Vgl. hierzu Seite 52.

[119] Vgl. hierzu Abschnitt 2.3.5, insbesondere Abbildung 5 auf Seite 38.

[120] Diese werden in Abschnitt 2.2.2, Seite 18 vorgestellt.

[121] Vgl. hierzu die Funktion `info` Seite 45 und 70.

Versionskontrolle: Die Funktion `mod_init` führt die Versionskontrolle durch. Dazu wird ihr die aktuelle Versionsnummer des MuPAD-Kerns übergeben, die sie mit einer durch den Modulgenerator eingetragenen Versionsnummer des Moduls vergleicht. Beide bestehen aus einer dreistelligen positiven ganzen Zahl und sollten höchstens in der niederwertigsten Ziffer voneinander abweichen. Andernfalls erfolgt beim Laden des Moduls eine Warnung, die auf eventuelle Inkompatibilitäten hinweist. Grund für diese Vorsichtsmaßnahme ist die ständige Fortentwicklung des MuPAD-Kerns, dessen Funktionalität sich durch das Einfügen neuer und das Löschen obsoleter globaler Funktionen und Variablen ändern kann. Bei der Verwendung verschiedener Kern- und Modul-Versionen kann es so innerhalb des Moduls zu einer fehlerhaften Referenzierung von Kernobjekten und gegebenenfalls sogar zu einem unkontrollierten Programmabbruch kommen. Auslöser hierfür kann ein nun fehlendes Kernobjekt oder die Verschiebung der Einträge in der Symboltabelle `symb_tab` sein. Um dies zu vermeiden, muß auf die Verwendung der gelöschten Kernobjekte verzichtet werden. Meistens reicht aber das einfache Neugenerieren des Moduls mit der neuen Version des Modulgenerators.

Anmerkung zum C-Code: Die mmg-Ebene wird durch den Modulgenerator in einer temporären Datei erstellt und beim Übersetzen des Modulcodes eingebunden. Vgl. hierzu auch die mmg Option `-c` in Abschnitt 4.4.

3.2.5 Die Interface-Ebene

Während der Zugriff auf die Kernobjekte in der mmg-Ebene noch über einen indizierten Ausdruck der Form `KERN(42)` erfolgt, stellt die Interface-Ebene ein Paket von Makros zur Verfügung, mit deren Hilfe namentlich auf die internen Funktionen und Variablen des Kerns zugegriffen werden kann. Die Realisierung dieser Makros wurde bereits in Abschnitt 2.3.5 auf Seite 37ff an einem Beispiel beschrieben.[122]

Linkage: Soll der dynamische Linker die Adreßevaluierung vornehmen, so wird die Interface-Ebene nicht in das Modul eingebunden. Die Namen aller im Modul verwendeten Kernobjekte werden dann vom Compiler - wie üblich - in einer speziellen Symboltabelle organisiert, über die der dynamische Linker beim Laden des Moduls die entsprechenden Speicheradressen ermittelt. Bei Verwendung der Interface-Ebene werden die Namen (Makros) dagegen schon durch

[122] Eine mögliche Realisierung der Interface-Ebene in C++ wird in Abschnitt 3.3 diskutiert.

den Präprozessor des Compilers auf indizierte Zugriffe auf die Symboltabelle symb_tab bzw. die Funktion object abgebildet.

Es werden damit drei verschiedene Verfahren zur Adreßevaluierung von Kernobjekten angeboten. Der Anwender kann das Verfahren beim Aufruf des Modulgenerators selbst wählen. Näheres wird in Abschnitt 4.3 Seite 66f beschrieben.

Der Quellcode des Rumpfes einer Modulfunktion unterscheidet sich auf dieser Ebene nicht von dem einer Systemfunktion und kann daher direkt in den MuPAD-Kern übernommen werden. So bietet sich die Modulprogrammierung insbesondere auch als „Testgelände" zur Erstellung neuer Systemfunktionen an.

Modulfunktion: Zur Definition und Markierung von Modulfunktionen im C-Code des Moduls stellt die Interface-Ebene folgendes Makro zur Verfügung:[123]

```
#define MODUL_FUNC( Name )                          \
        static S_Pointer MF_eval_ ## Name (  \
                S_Pointer       s,          \
                long            prev_func,  \
                long            eval_type,  \
                S_Pointer       exec        \
        )
```

Es dient der Unterscheidung lokaler Hilfs- von öffentlichen Modulfunktionen, garantiert eine korrekte Parametrisierung und muß bei der Programmierung einer Modulfunktion stets verwendet werden. Dem Modulgenerator ermöglicht dieses Verfahren, die Namen der Modulfunktionen in einfacher Weise im Quellcode aufzufinden und zur Erstellung der Funktions-Verwaltungsliste zu isolieren.

Anmerkung zum C-Code: Die Interface-Ebene ist in der Datei MDM_mod.h implementiert und wird vom Modulgenerator (mmg) stets eingebunden. In Abhängigkeit von dem für das Modul zu verwendenden Linkage wird in der mmg-Ebene ggf. das Definement MDMD_USE_DYNLINK definiert, um die Funktionalität der Interface-Ebene auszublenden.[124]

3.2.6 Die Toolbox-Ebene

Die für MuPAD Release 1.2.2 implementierte Toolbox ist sehr klein und kann nicht den Anspruch erheben, jedem Anwender eine geeignete Schnittstelle zum

[123]Mit der Erweiterung der Kern-/Modul-Programmierschnittstelle für das MuPAD Release 1.3 werden weitere Makros zur Definition von Modulfunktionen zur Verfügung gestellt.

[124]Vgl. hierzu Abschnitt 4.3.

MuPAD-Kern zur Verfügung zu stellen. Hier stand im Vordergrund, die Modulprogrammierung zunächst für die Kernentwickler zu vereinfachen. Daher wurden nur die wichtigsten Kernfunktionen und MuPAD-Objekte berücksichtigt.

Für Anwender kann der Umgang mit der Speicherverwaltung MAMMUT - in der zur Zeit verwendeten `ANSI-C` Version - ein Problem darstellen. Erleichterung soll hier zukünftig eine `C++` Version[125] bringen, die dem Anwender viele (lästige) Details im Umgang mit Objekten der Speicherverwaltung abnimmt und die Programmierung so deutlich vereinfacht. Auf dieser Basis soll in einer folgenden Version eine erweiterte `C++` Toolbox als Schnittstelle zum MuPAD-Kern zur Verfügung gestellt werden.[126]

An dieser Stelle soll kurz auf die wichtigsten Funktionen dieser Toolbox eingegangen werden, da sie in den im Anhang gegebenen Beispielen auftreten:

`MMT_init`: Die Funktion übernimmnt alle für eine System- bzw. Modulfunktion notwendigen Initialisierungen: Auswerten von Optionen des Interpreters, Evaluierung der Funktionsargumente, ...

`MMT_return`: Diese Funktion gibt zunächst alle Objekte frei, die in `MMT_init` alloziiert wurden und liefert dann den Funktionswert der Modulfunktion an den Interpreter.

`MMT_error`: Diese Funktion gibt zunächst alle Objekte frei, die in `MMT_init` alloziiert wurden. Danach liefert sie eine Fehlermeldung an den Interpreter und erzwingt den Abbruch der laufenden Evaluierung.

`MMT_check_params`: Vergleicht die Anzahl der an die Modulfunktion übergebenen Argumente mit der Anzahl der erwarteten Argumente und erzwingt gegebenenfalls einen Fehlerabbruch.

`MMT_check_param`: Vergleicht den Typ des n-ten Funktionsargumentes mit dem erwarteten Typ und erzwingt gegebenenfalls einen Fehlerabbruch.

`MMT_param`: Liefert das n-te Funktionsargument der Modulfunktion.

Für die Grundtypen `bool`, `long`, `double` und `string` werden Konvertierungsfunktionen zur Verfügung gestellt. Sie tragen die Kennung `m2c`, wenn sie MuPAD-Objekte in C-Objekte konvertieren und `c2m` für den umgekehrten Fall.

[125]Vgl. hierzu *Eine Speicherverwaltung in C++*, MuPAD, Holger Naundorf, März '94.

[126]Der MuPAD-Kern und seine Speicherverwaltung sind in `ANSI-C` implementiert. Zum Einbinden von `C++` Modulen muß der Modulgenerator eine (kleine) Erweiterung erfahren, da `ANSI-C` und `C++` Unterschiede im Format ihres Linkage (insbesondere der Symboltabelle) aufweisen. Vgl. hierzu auch [C++] Seite 132 und 577ff.

Bei den Typen long und double sind diese Funktionen jeweils durch die entsprechenden Wertebereiche der zugrunde liegenden Hardware beschränkt.

Die Toolbox enthält weiterhin alle gängigen Vergleichsoperationen auf MuPAD-Objekten, elementare arithmetische Funktionen und wichtige Konstanten wie zum Beispiel TRUE, die hier durch den Bezeichner MMT_true repräsentiert wird.

Weitere Informationen sind der MuPAD-1.2.2 Distribution (MMT_tool.c) sowie den Beispielen in den Abschnitten 4.5 und A.1 zu entnehmen. Für MuPAD Release 1.3 wird es eine neue Toolbox geben, wobei die alte aus Gründen der Kompatibilität jedoch auch weiterhin zur Verfügung stehen wird.

Anmerkung zum C-Code: Diese Toolbox ist in der Datei MMT_tool.c implementiert und wird durch den Programmierer bei Bedarf einfach mit der Anweisung #include "MMT_tool.c" eingebunden.

3.3 Anmerkungen und Ausblick

Zur Interface-Ebene: Eine Schwäche der hier implementierten Interface-Ebene ist, daß die Makros zu den Kernobjekten nicht vollständig typisiert werden können. ANSI-C bietet keine Möglichkeit der Typdeklaration und -prüfung für die Argumente eines Makros. Andererseits sind Makros in ANSI-C die einzige effiziente Möglichkeit zur Implementation der Interface-Ebene. Während der Compiler bei einem Funktionsaufruf einer deklarierten Funktion die Typen der Funktionsargumente überprüfen kann (*statische Semantik*), ist dies bei den Makros, die bereits durch den Präprozessor des Compilers ausgewertet werden, nicht möglich. Damit kann der C-Compiler z.B. die fehlerhafte Übergabe einer Zahl an eine Funktion, die einen Zeiger auf eine Zahl erwartet, nicht erkennen und anmahnen.

In einer zukünftigen C++ Version des MuPAD-Kerns könnte auf sogenannte *Inline-Funktionen*[127] zurückgegriffen werden. Diese entsprechen in ihrer Effizienz den Makros der Programmiersprache ANSI-C und haben dabei den Vorteil, daß sie wie „normale“ Funktionen deklariert werden. Sie ermöglichen damit auch bei der Verwendung der Interface-Ebene eine Typprüfung des Compilers für Zugriffe des Moduls auf die Funktionen des Kerns. Damit der Anwender eine derartige Typprüfung in der ANSI-C Version durchführen lassen kann, bietet der Modulgenerator die Option -check[128] an.

[127] Vgl. hierzu auch [C++] Seite 124, 167 und 602.

[128] Vgl. hierzu Abschnitt 4.4.

Symboltabelle: Für Release 1.2.2 wurde die *Symboltabelle* `symb_tab`[129] mit über 700 Einträgen sowie die zugehörigen Makros der Interface-Ebene von Hand erstellt. Bei einer Erweiterung des MuPAD-Kerns müssen hier alle neuen wichtigen Kernfunktionen und -variablen aufgenommen werden. In der Praxis zeigt sich, daß dabei leicht Fehler gemacht werden. Für ähnliche Projekte und den Fall, daß die Entwicklung des MuPAD-Kerns auch in Zukunft so schnell voranschreitet, sollte daher ein Konzept zur automatischen Erstellung dieser Informationen entwickelt werden. Dazu könnten die globalen Funktionen bzw. Variablen des Kerns über ein spezielles Makros deklariert werden, das ein Präprozessor zum Aufbau der Symboltabelle und der Interface-Ebene auswertet.[130]

C++: Zur Zeit[131] werden die Module wie auch der MuPAD-Kern in `ANSI-C` programmiert. Da die Programmiersprache `C++` zunehmend Verbreitung findet und sie eine einfachere Schnittstelle zur MuPAD-Speicherverwaltung ermöglicht,[132] soll mit einer der nächsten Versionen der Modulverwaltung auch die Erstellung von `C++` Modulen unterstützt werden. Wie bereits auf Seite 59 angedeutet wurde, verwendet `C++` ein anderes Linkage-Format. Dies betrifft insbesondere die Namenseinträge in der vom Compiler aufgebauten Symboltabelle. Aus diesem Grund muß die System-Ebene an den Stellen angepaßt werden, an denen eine Adreßevaluierung über symbolische Namen vorgenommen wird. Erweiterungen ergeben sich auch in der mmg- und Interface-Ebene, um den Zugriff des `C++` Moduls auf die Objekte des `ANSI-C` Kerns zu ermöglichen. Weitere Informationen zu diesen Anpassungen sind in [C++] auf den Seiten 132ff und 577ff zum Stichwort „`extern 'C'`" sowie auf Seite 145 zum Stichwort „Ellipse" zu finden. Der Aufbau der symbolischen Namen unter `C++` kann den entsprechenden Compiler-Handbüchern entnommen oder unter dem Betriebssystem UNIX mit dem Programm `nm`[133] ermittelt werden.

Effizienz: Die vorgestellten Methoden zum Zugriff des Moduls auf die Kernobjekte (Seite 37f, Abbildung 5) erscheinen zunächst aufwendig und laufzeitintensiv. Die Praxis zeigt aber, daß im Vergleich zwischen der Ausführung einer Systemfunktion und ihres Äquivalentes als Modulfunktion kaum Leistungseinbußen festzustellen sind. Dies wird in Abschnitt 4.6, Seite 71ff diskutiert.

[129] Die Symboltabelle `symb_tab` wird auf Seite 35 beschrieben.

[130] Dies kann zudem anderen Mechanismen dienen, z.B.: Spezielle Deklaration von globalen Variablen im Falle eines *multi threaded* Kerns, Markieren von Systemfunktionen für den CAS-Interpreter, Markieren globaler *shared memory* Variablen für den *Garbage Collector*, ...

[131] Stand: Herbst 1995, MuPAD Release 1.2.2.

[132] Vgl. hierzu auch Seite 59.

[133] Vgl. hierzu auch das UNIX manual `nm(1)`.

4 Ein Modulgenerator für MuPAD

In diesem Kapitel wird die Implementation des Modulgenerators *mmg*[134] für das MuPAD-Release 1.2.2 beschrieben und dabei insbesondere auf die technischen Details des Übersetzens und Bindens dynamischer Module eingegangen.

Der Modulgenerator erstellt aus dem Modul-Quellcode ein in MuPAD ladbares Maschinencode-Objekt. Dieses enthält neben den vom Anwender programmierten Modul- und Hilfsfunktionen zusätzlichen, vom Modulgenerator als C-Code generierten Verwaltungscode der mmg-Ebene[135]. Ein vollständiges Beispiel zur Modul-Programmierung wird in Abschnitt 4.5 gegeben.

4.1 Aufbau und Arbeitsweise

Die Erstellung eines dynamischen Moduls erfolgt mit Hilfe des Modulgenerators in den Phasen: *Analysieren & Generieren*, *Übersetzen* und *Binden*. Abbildung 9 stellt diesen Vorgang schematisch dar.

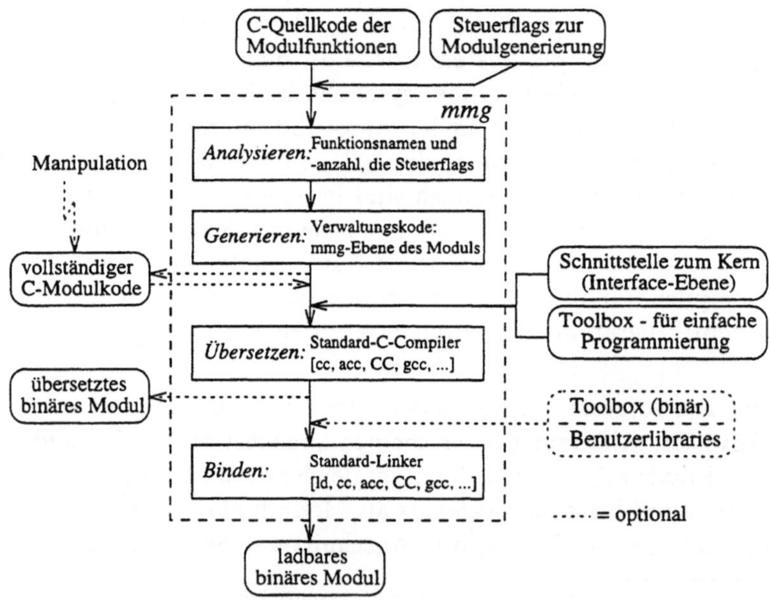

Abbildung 9: Arbeitsschema des Modulgenerators

[134]mmg steht für MuPAD Modul Generator.

[135]Vgl. hierzu auch Abbildung 3 auf Seite 22 sowie Abschnitt 3.2.4.

Analysieren & Generieren: Als Eingabe erhält der Modulgenerator den Quellcode der Modulfunktionen sowie gegebenenfalls *Steuerflags* (*Optionen*), mit denen der Anwender die Erstellung des Moduls beeinflussen kann. So kann man hier beispielsweise das Verfahren zur Adreßevaluierung für die Kernobjekte wählen und einen Modul-Informationstext definieren. Einige dieser Optionen werden in Abschnitt 4.4, Seite 68 vorgestellt. Eine vollständige Übersicht wird in Anhang A.2.5 mit der Kurzbeschreibung des Modulgenerators gegeben.

Bei der *Analyse* des Quellcodes werden die Namen aller durch `MODUL_FUNC`[136] gekennzeichneten Modulfunktionen isoliert und im folgenden zum Aufbau der lexikographisch sortierten Funktionsverwaltungsliste[137] verwendet. Modulfunktionen mit reservierten Namen werden hierbei erkannt und gegebenenfalls speziell behandelt.[138] Unter Berücksichtigung der Steuerflags wird dann die Modul-Initialisierungsfunktion `mod_init` und der C-Code zur Evaluierung der Speicheradressen von Kernobjekten generiert. Bei Bedarf wird dazu das Einbinden der Interface-Ebene veranlaßt.

Das Modul wird in dieser Phase mit der Versionsnummer des Modulgenerators versehen, damit beim Laden des Moduls die auf Seite 57 beschriebene Versionskontrolle durchgeführt werden kann.

Die Generierung des Moduls kann nach dieser Phase unterbrochen werden. Damit hat der Anwender die Möglichkeit, den vervollständigten Modul-Quellcode noch einmal zu manipulieren, ehe er ihn zu einem ladbaren Modul übersetzt.[139] Hierzu dient die Option `-c` des Modulgenerators, die in Anhang A.2.5 Seite 138ff beschrieben wird.

Übersetzen: In der zweiten Phase wird der vervollständigte Quellcode des Moduls übersetzt und dabei gegebenenfalls die als C-Quellcode vorliegende Interface-Ebene sowie die Toolbox eingebunden. Dies erfordert den Aufruf eines `ANSI-C` Compilers und ist stark betriebssystem- und compilerabhängig. Die technischen Details dieses Aufrufes werden im einem folgenden Abschnitt beschrieben. In dieser Phase werden auch die C-*Headerfiles* des MuPAD-Kerns eingebunden. Sie enthalten alle globalen Makros, Konstanten, Typdeklarationen und Prototypen der Kernfunktionen und -variablen, die das Modul für Zugriffe auf die Datenstrukturen des Kerns benötigt.

Auch nach dieser Phase kann die Generierung des Moduls unterbrochen wer-

---

[136] Vgl. Seite 58 sowie die Anmerkungen zu MuPAD 1.3 in Abschnitt 5.1.1.

[137] Vgl. hierzu Abschnitt 3.2.2 Seite 49.

[138] Zur Zeit gilt dies nur für die auf Seite 49 beschriebene Funktion `initmod`.

[139] Unabhängig vom Modulgenerator können hier zum Beispiel durch zusätzliche Filter und Generatoren Erweiterungen vorgenommen oder die Parameter der Kernschnittstelle durch den Anwender manipuliert werden.

den. Dies ermöglicht es dem Anwender, die so erstellte Maschinencode-Datei zu manipulieren. Hierzu dient die Option `-l` des Modulgenerators, die in Anhang A.2.5 Seite 138ff beschrieben wird.

Die Möglichkeit des Verzichts auf das *Binden* dieser Maschinencode-Datei zu einem ladbaren Modul wird insbesondere auch bei der Option `-check` zur erweiterten Analyse der *statischen Semantik* eines Moduls genutzt.[140]

Binden: In der letzten Phase wird der soeben erzeugte Objektcode zu einem ladbaren Modul gebunden, wobei zusätzliche Maschinencode-Bibliotheken eingebunden werden können. Hierzu dienen die Optionen `-l`*lib* und `-L`*path* des Modulgenerators, die in Anhang A.2.5 beschrieben werden.

Das Binden (Linken) des Modul-Maschinencodes erfordert den betriebssystemabhängigen Aufruf eines Linkers. Dieser wird im folgenden Abschnitt für alle zur Zeit unterstützten Betriebssysteme beschrieben.

4.2 Technische Realisierung

In Abschnitt 3.2.3 wurden bereits die zur Zeit unterstützten Betriebssysteme und die dort verfügbaren Verfahren zur Modulverwaltung vorgestellt. An dieser Stelle wird auf die technischen Details der betriebssystemabhängigen Arbeiten eingegangen, die bei der Erstellung eines dynamischen Modules durchgeführt werden müssen. Da die mmg-Ebene für die verschiedenen Betriebssysteme nahezu identisch ist, betrifft dies im wesentlichen den Aufruf des Compilers und Linkers.

Der Modulgenerator unterstützt auf jedem Betriebssystem den Standard-C-Compiler und für einige Betriebssysteme zusätzlich auch den gcc. Dieser, unter der GNU-Lizenz veröffentlichte `ANSI-C` Compiler, ist inzwischen sehr weit verbreitet und im Internet[141] frei verfügbar.

Der Anwender kann den Compiler- und Linkeraufruf steuern und statt des Standard-Compilers den gcc auswählen indem er die Option -gcc[142] setzt oder die vordefinierten Aufrufsequenzen durch eigene überlagert. Auf diese Weise ist es möglich, jederzeit einen beliebigen anderen C-Compiler oder Linker zu verwenden. Näheres hierzu ist der Kurzbeschreibung des Modulgenerators in Abschnitt A.2.5 zu den Optionen `-CC` und `-LD` sowie den Umgebungsvariablen `MMG_CC` und `MMG_LD` zu entnehmen.

[140] Vgl. hierzu Abschnitt 4.4 Seite 68.

[141] Zum Beispiel auf dem ftp-Server ftp.cs.uni-sb.de:/pub/misc/gnu/.

[142] Vgl. hierzu A.2.5.

Compiler und Linker: Im folgenden wird für jedes, von der Modulverwaltung unterstützte Betriebssystem vorgestellt, welche Methoden zur Erstellung eines dynamischen Moduls verwendet und welche Compiler und Linker mit welchen speziellen Optionen standardmäßig eingesetzt werden.[143]

Die dynamischen Module sind unter den meisten Betriebssystemen über das Konzept der *shared libraries* implementiert. Eine Voraussetzung für den Einsatz von *shared libraries* ist die Möglichkeit im Arbeitspeicher verschiebbaren Maschinencode, sogenannten *position independent code* oder kurz *PIC*-Code, zu erstellen. Auf den gängigen Systemen kann dem Compiler über eine spezielle Option mitgeteilt werden, daß er PIC-Code erstellen soll.

Sun (Sparc) ab SunOS-4.0.3:

Die folgende Tabelle führt zunächst den Standard-C-Compiler mit den für die Übersetzung notwendigen Optionen auf. Es folgt der alternative C-Compiler und der Linker, der den *PIC*-Code zu einer *shared library* bindet.

Compiler/Linker	Spez. Optionen	Dokumentation
acc	-c -pic	*answerbook*, acc(1)
gcc	-c -fPIC	manual gcc(1)
ld	-assert pure-text	manual ld(1)

Sun (Sparc) ab SunOS-5.x (Solaris):

Compiler/Linker	Spez. Optionen	Dokumentation
CC	-c -K PIC	*answerbook*, CC(1)
gcc	-c -fPIC	manual gcc(1)
ld	-G	manual ld(1)

SGI (Indy) ab IRIX 5.1.1 und IRIX 6.x:

Compiler/Linker	Spez. Optionen	Dokumentation
cc	-c -KPIC	manual cc(1)
gcc	-c -fPIC	manual gcc(1)
ld	-shared	manual ld(1)

IBM-RS6000 ab AIX 3.1.5 und AIX 4.x:

Hier muß zusätzlich ein sogenannter *entry point* definiert werden, über den in die *shared library* eingesprungen werden kann. Als *entry point* wird hier stets die Modul-Initialisierungsfunktion `mod_init` angegeben.

[143] Vgl. hierzu auch Abschnitt 3.2.3 auf Seite 52ff.

Compiler/Linker	Spez. Optionen	Dokumentation
cc	-c	*InfoExplorer*, cc(1)
gcc	-c -fPIC	manual gcc(1)
cc (als Linker)	-bM:SRE -e	manual cc(1), ld(1)

DECalpha ab OSF-1:

Compiler/Linker	Spez. Optionen	Dokumentation
gcc	-c -fPIC	manual gcc(1)
ld	-shared	manual ld(1)

HP-Workstaion ab HP-UX 9.0 und HP-UX 10.x:

Hier muß zusätzlich ein sogenannter *entry point* definiert werden, über den in die *shared library* eingesprungen werden kann. Als *entry point* wird hier stets die Modul-Initialisierungsfunktion `mod_init` angegeben.

Compiler/Linker	Spez. Optionen	Dokumentation
cc	-c -Ae +z	manual cc(1)
gcc	-c -fPIC	manual gcc(1)
ld	-b +e	manual ld(1)

PC-Kompatible ab Linux/ELF 1.0:

Unter Linux wird standardmäßig der GNU-C-Compiler gcc eingesetzt, darum wird hier kein alternativer C-Compiler angegeben.

Compiler/Linker	Spez. Optionen	Dokumentation
gcc	-c	manual gcc(1)
mv (kein Linken)		manual mv(1)

PC-Kompatible ab NetBSD/FreeBSD 1.0:

Unter NetBSD wird standardmäßig der GNU-C-Compiler gcc eingesetzt, darum wird hier kein alternativer C-Compiler angegeben.

Compiler/Linker	Spez. Optionen	Dokumentation
gcc	-c -fPIC	manual gcc(1)
ld	-Bshareable	manual ld(1)

4.3 Das Linkage

Es werden derzeit drei Verfahren zur Adreßevaluierung der Kernfunktionen und -variablen zur Verfügung gestellt. Der Anwender kann beim Erstellen des Moduls durch die Option `-j jump` angeben, welches verwendet werden soll:

`-j link`: Die Adreßevaluierung für Kernobjekte wird hier dem *dynamischen Linker* überlassen und die Interface-Ebene darum nicht aktiv in das Modul eingebunden.[144] Da dem Modul alle C-*Headerfiles* des MuPAD-Kerns zur Verfügung gestellt werden, kann der Compiler die dort definierten Prototypen der Kernfunktionen nutzen, um für die entsprechenden Aufrufe innerhalb des Moduls eine Typprüfung der Funktionsargumente (Teil der *statischen Semantik* des Moduls) durchzuführen. Diese Eigenschaft wird für die in Abschnitt 4.4 beschriebene Option `-check` ausgenutzt.

Dynamic linkage ist die optimale Methode, da sie Grundeigenschaften des Betriebssystems bzw. des Compilers nutzt, was höchste Performance verspricht. Das Verfahren erfordert allerdings eine entsprechende Unterstützung durch einen dynamischen Linker. Darum können so erstellte Module derzeit nicht unter dem Betriebssystem AIX verwendet werden.[145]

`-j slow`: Bei diesem Verfahren werden die Speicheradressen der Kernobjekte zur Laufzeit über die Kernfunktion `object` (Basisebene) ermittelt. Zu diesem Zweck muß die Interface-Ebene in das Modul eingebunden werden. Ihre Makros überdecken dabei die Prototypen der MuPAD-*Headerfiles* und ermöglichen daher keine Typprüfung der Funktionsargumente beim Aufruf von Kernfunktionen (Teil der *statische Semantik* des Moduls).[144] Aus diesem Grund wurde die Option `-check` eingeführt, die in Abschnitt 4.4 beschrieben wird.

Dieses Verfahren wird für alle Module standardmäßig eingesetzt, sofern der Anwender nichts anderes definiert. Es bietet sich insbesondere für den Kernentwickler zur Modul- und Kernentwicklung an, da die Funktion `object` Sicherheitsüberprüfungen durchführt und die Ausgabe von *Debug*-Informationen ermöglicht.[146]

Die Performance eines mit dieser Option erstellten Moduls hängt von der Anzahl der Kernzugriffe des Moduls ab und ist etwas geringer als beim *dynamic linkage*. Eine Leistungsbewertung der Modulfunktionen wird in Abschnitt 4.6 vorgenommen.

`-j fast`: Es wird unter Umgehung der Funktion `object` direkt auf die Symboltabelle `symb_tab` (Kernebene) des MuPAD-Kerns zugegriffen. Dieses Verfahren kann, genau wie die Option `-j slow`, unter jedem Betriebssystem eingesetzt werden und ist etwas schneller als der Zugriff über die Kernfunktion `object` (Basisebene). Im Vergleich zum *dynamic linkage* -

[144] Vgl. hierzu auch die Seiten 50, 57f und 60.
[145] Vgl. hierzu Seite 53 und 65.
[146] Vgl. hierzu auch Seite 49f sowie Fußnote 106.

Option `-j link` - lassen sich in der Praxis kaum signifikante Leistungsunterschiede feststellen.

Da die Linkage-Option jeweils nur ein Modul betrifft und die Verfahren sich nicht gegenseitig stören, können ohne weiteres drei Module mit paarweise verschiedenem Linkage geladen werden. Dadurch ist gesichert, daß der Anwender das Linkage für jedes Modul frei wählen kann. Insbesondere ermöglicht die Unabhängigkeit dieser Verfahren auch den direkten Vergleich zwischen ihnen.

4.4 Wichtige Optionen

Eine komplette Auflistung aller Optionen wird in A.2.5 mit der Kurzbeschreibung des Modulgenerators gegeben. An dieser Stelle soll aber kurz auf einige ausgewählte Optionen eingangen werden.

`-c`: Erstellt nur den erweiterten Quellcode eines Moduls (mmg-Ebene).

`-check`: Hierdurch werden die Optionen `-j link` und `-l`[147] zusammen aktiviert, wodurch nun für jeden Aufruf einer Kernfunktion eine vollständige Typprüfung der Funktionsargumente vorgenommen werden kann. Dabei wird der Modul-Quellcode übersetzt, jedoch kein ladbares Modul erzeugt. Diese Option dient ausschließlich der erweiterten Prüfung der statischen Semantik des Moduls. Vergleiche hierzu auch Abschnitt 4.3.

`-oc` *copt*: Reicht die Option `copt` an den Compiler weiter.

`-ol` *lopt*: Reicht die Option `lopt` an den Linker weiter.

`-V` *text*: Das Modul wird mit dem Informationstext „text“ versehen. Dieser kann nach dem Laden des Moduls mittels `info()`[148] angezeigt werden.

4.5 Ein Beispiel zur Modul-Programmierung

In diesem Abschnitt wird ein erstes Beispiel zur Programmierung und Anwendung von MuPAD-Modulen vorgeführt. Weitere Beispiele sind im Anhang A.1 zu finden.

Die unten beschriebene Modulfunktion `date` bestimmt das aktuelle Datum sowie die Uhrzeit und gibt beides in Form eines MuPAD-Strings als Funktionswert zurück. Der folgende C-Code wird in der Datei "`modtest.c`" gespeichert:

[147] Vgl. hierzu Abschnitt A.2.5.

[148] Vgl. hierzu die Beispiele auf den Seiten 45 und 70.

```
#include "MMT_tool.c" /* Toolbox, MuPAD 1.2.1 - 1.2.9 */

MODUL_FUNC( date )
{   time_t    clock;
    char      *string;

    MMT_init( "date", MMT_NOP, MEVC_STRING );
    time( &clock );
    string = ctime( &clock );
    string[24] = '\0';
    MMT_return( MMT_c2m_string(string) );
}
```

Die Modulfunktion wird durch das Schlüsselwort `MODUL_FUNC` eingeleitet, dem der in runde Klammern eingefaßte Funktionsname folgt. Im Funktionsrumpf werden zunächst die in `ANSI-C` üblichen Definitionen der lokalen Variablen vorgenommen. Danach folgt der Aufruf des Makros `MMT_init`, das die Initialisierung der Modulfunktion vornimmt. Als erstes Argument erhält es den Namen, mit dem sich die Modulfunktion bei Fehlermeldungen ausweisen soll. Die Option `MMT_NOP` (no operation) legt fest, daß die Funktionsargumente wie üblich evaluiert werden und die Funktion keine *remember table* verwendet. Das Argument `MEVC_STRING` definiert, daß die Funktion als Rückgabewert einen MuPAD-String liefert. Diese Information kann der Evaluierer dann für seine Laufzeit-Typprüfung nutzen. Als nächstes folgen normale `ANSI-C` Anweisungen, mit denen das Datum in Form eines C-Strings ermittelt wird. Dieser wird daraufhin mit der Funktion `MMT_c2m_string` in einen MuPAD-String konvertiert und über die Funktion `MMT_return` als Funktionswert zurückgegeben. `MMT_return` dient als Gegenstück zur Funktion `MMT_init`. Sie gibt Speicherbereiche frei, die mit der Initialisierung der Funktion angefordert wurden und leitet für den Funktionswert die Typ- und Vorzeichenkontrolle des MuPAD-Interpreters ein.

Zur Erstellung des ladbaren Moduls wird der Modulgenerator aufgerufen:

```
andi> mmg -v -V "Modul mit Datumsfunktion" modtest
MMG  -- MuPAD-Module-Generator --  V-1.21 Sep.94
mmg: Scanning source "modtest.c"
mmg: 1(+1) function(s) found
mmg: Adding MuPAD module management
acc -PIC -c MMGout.c -o MMGout.o
    -I/user/cube/MUPAD/FTP-1.2.1/share/mmg/include/kernel
    -I/user/cube/MUPAD/FTP-1.2.1/share/mmg/include/pari
    -I/user/cube/MUPAD/FTP-1.2.1/share/mmg/include/mmt
ld  -assert pure-text MMGout.o -o modtest.mdm
```

Das Modul wird nun in MuPAD geladen und mit der Funktion `info` werden die Modul-Informationen ausgegeben. Dabei wird auch der Informationstext sichtbar, der dem Modulgenerator mit der Option `-V` übergeben wurde:

```
>> module("modtest");
                              modtest
>> info(modtest);
   Module: 'modtest' created on 07.Okt.94 by mmg-V1.21
   Info  : Modul mit Datumsfunktion
                            Interface:
                         modtest::date
```

Nun wird die Modulfunktion aufgerufen. `date` ist zunächst nur im Modul-Domain `modtest` bekannt und wird erst durch den Funktionsaufruf `export` global sichtbar:

```
>> modtest::date();
                "Fri Oct 19 09:18:00 1994"
>> date();
                             date()
>> export(modtest):
>> date();
                "Fri Oct 19 09:18:13 1994"
```

Das Modul `modtest` (genauer der Maschinencode des Moduls) wird nun ausgeladen. Trotzdem bleibt die Funktion `date` bekannt und kann jederzeit ausgeführt werden. Die Modulverwaltung lädt den Maschinencode des Moduls dazu automatisch wieder ein (*load on demand*):

```
>> module::unload(modtest):
>> date();
                "Fri Oct 19 09:18:21 1994"
```

Soll die Funktion einem anderen Funktionsnamen zugewiesen oder ohne ein vorheriges Laden des Moduls aufgerufen werden, so verwendet man die Systemfunktion `external`. Durch sie kann die entsprechende Funktionsumgebung generiert und an einen Bezeichner gebunden werden. Auch hier erfolgt beim Aufruf der Modulfunktion gegebenenfalls ein automatisches Laden des entsprechenden Modul-Maschinencodes:

```
>> Datum:= external("date","modtest");
                                          date
>> Datum();
                "Fri Oct  7 09:18:29 1994"
```

4.6 Leistungsbewertung der Modulfunktionen

Die folgenden Tests zur Effizienz der Modulfunktionen wurden auf einer Sun4 (IPX, 32Mb) unter dem Betriebssystem SunOS-4.1.3 vorgenommen. Um praxisgerechte Aussagen zu bekommen, wurde MuPAD-1.2.1 hier unter einer üblichen X11-Arbeitsumgebung gestartet.

Zunächst wurde eine sehr „kleine“ Systemfunktion als Modulfunktion implementiert. Hier bot sich die Funktion `null`[149] an, die das Objekt `DOM_NULL` liefert. Da der Umfang dieser Funktion sehr gering ist, tritt hier der Aufwand zum Aufruf der Modulfunktion in den Vordergrund. Dies bietet die Möglichkeit, diesen Aufwand mit dem einer Systemfunktion zu vergleichen. Dann wurden „mittlere“ Systemfunktionen als Modulfunktionen implementiert. Hier wurden z.B. die Funktionen `strmatch` und `substring`[150] ausgewählt. Die Funktionen wurden in einem Modul mit insgesamt 20 Modulfunktionen zusammengefaßt und mit der Option `-j slow` zu einem ladbaren Modul übersetzt. In den folgenden Tests wurde dieses Modul dann zusammen mit fünf weiteren Modulen geladen, die Funktionen mit dem Befehl `export` exportiert und jeweils der Zeitaufwand der 10000-fachen Ausführung der Testfunktionen mit der MuPAD-Funktion `time` gemessen.

Dabei läßt sich beobachten, daß die Laufzeiten aller Funktionen Schwankungen unterliegen (hier ca. 1-2%), die insbesondere auf eine wechselnde Auslastung des Rechners zurückzuführen sind.[151] Beim Vergleich der Systemfunktion `null` mit ihrem als Modulfunktion implementierten Äquivalent lagen die gemessenen Laufzeiten sehr nah bei einander. Die Abweichungen lagen jeweils im oberen Bereich der angeführten Schwankungsbreite von 2%. Ein ähnliches Verhalten zeigte sich beim Vergleich der Systemfunktionen `strmatch` und `substring` mit ihren äquivalenten Modulfunktionen.

Daraus läßt sich ableiten, daß der Aufwand zum Aufruf einer Modulfunktion in der Praxis nur unwesentlich höher ist als bei einer Systemfunktion. Gleiches gilt für den Zugriff des Moduls auf die internen Funktionen und Variablen des CA-Kerns. Die Leistungseinbußen können in dieser Umgebung nicht exakt bestimmt werden,[152] aber sie bewegen sich in der Praxis in einem Bereich von unter 2%. Im Vergleich der drei Verfahren zur Adreßevaluierung von Kernobjekten

[149] Vgl. hierzu [MuPAD] Seite 406.

[150] Vgl. [MuPAD] Seite 465 und Seite 471.

[151] Ursachen hierfür sind zum Beispiel das Auslagern von Speicherbereichen (`swapping`), aktive Hintergrundprozesse (`crond`, `lpd`, ...), Netzwerkzugriffe (`NFS`, ...), etc.

[152] Hierzu müßten auf einer Standalone-Maschine größere Versuchsreihen durchgeführt und die gemessenen Ergebnisse dann gemittelt werden. Da die Leistungseinbußen sehr gering sind, wurde hierauf zunächst verzichtet.

zeigt sich, daß es zwischen den Optionen `fast` und `link` keine signifikanten Abweichungen gibt. Beide Verfahren sind jedoch etwas schneller als die bei den obengenannten Tests verwendete Option `slow`.

Wie zuvor erwähnt, wurden hier praxisnahe Anwendungen untersucht. Die Effizienz einer Modulfunktion hängt jedoch von dem Verhältnis der Kernzugriffe zu dem Gesamtaufwand der Modulfunktion ab. Besteht eine Modulfunktion hauptsächlich aus Zugriffen auf Kernvariablen, so muß in Extremfällen mit Leistungseinbußen von bis zu 5% gegenüber einer entsprechenden Systemfunktion gerechnet werden. Im Vergleich von MuPAD-Prozeduren zu Modulfunktionen lassen sich dagegen deutliche Laufzeitverbesserungen erzielen. In Anhang A.1.1 Seite 109ff sowie in den folgenden Abschnitten werden kleine Beispiele für effiziente Modulfunktionen gegeben.

5 Anmerkungen zu MuPAD Release 1.3

Eine - aus technischer Sicht - wesentliche Neuerung des MuPAD Release 1.3 ist der Umstieg von der Programmiersprache `ANSI-C` auf `C++` zur Weiterentwicklung des MuPAD-Kerns. Damit werden von nun an auch dynamische Module in dieser Programmiersprache erstellt, wobei entweder der Standardcompiler des entsprechenden Betriebssystems - z.B. `CC`, `cxx`, `xlC` - oder der GNU Compiler `g++` verwendet wird.

Mit dem Umstieg auf `C++` wurde eine neue Toolbox[153] implementiert. Sie wurde dabei aus der Modulschnittstelle in den Kern bzw. die Kernschnittstelle verlagert und steht dort nun auch dem Kernentwickler zur Verfügung. In der aktuellen Version enthält sie noch keine `C++` Version der Speicherverwaltung MAMMUT sondern verwendet eine zum Release 1.2.2 vergleichbare Schnittstelle, die mit Hilfe von Eigenschaften der Sprache `C++`[154] ausgebaut wurde. Es werden weiterhin die in Abschnitt 2.3.5 beschriebenen Makros der Interface-Ebene verwendet. Eine Realisierung dieser Ebene mittels Inline-Funktionen würde eine Neustrukturierung der MuPAD Header-Dateien (`*.h`) erfordern. Da der Modulprogrammierer jedoch von nun an nur die als Inline- bzw. echte Funktionen implementierten Toolbox-Funktionen verwenden soll, sind die in Abschnitt 3.3 diskutierten Probleme zur statischen Semantik nicht mehr relevant.

[153] Vgl. hierzu auch Abschnitt 3.2.6. Bei Drucklegung im Aug. 1996 ist die Implementation dieser Toolbox noch nicht abgeschlossen.

[154] Insbesondere werden Inline-Funktionen und deren Überladbarkeit ausgegenutzt.

5.1 Die neue Toolbox - Ein Überblick

Die Toolbox stellt für den Modulprogrammierer die „offizielle“ Schnittstelle zum MuPAD Kern dar und wird im folgenden auch als das *MuPAD Application Programming Interface* (*MAPI*) bezeichnet, da sie ebenfalls als Schnittstelle der MuPAD C-caller Version[155] eingesetzt wird. Sie definiert Typen (`MTxxx`),[156] Definements (`MDxxx`), Konstanten (`MCxxx`), Variablen (`MVxxx`) und (Inline-)-Funktionen (`MFxxx`), wobei die aufgeführten Präfixe in MuPAD zu diesen Zweck reserviert sind. Der Anwender sollte sie daher nicht bei der Definition eigener Bezeichner einsetzen.[157]

Die Objekte und Funktionen der Toolbox lassen sich in die in den Abschnitten 5.1.1 bis 5.1.10 beschriebenen Kategorien aufteilen. Zu jeder Kategorie werden exemplarisch einige Vertreter vorgestellt. Innerhalb der folgenden Funktionsbeschreibungen sind die Bezeichner `s`, `t` stets vom Typ `MTcell`, `n` vom Typ `long` und `e` vom Typ `char*`.

5.1.1 Definieren von Modulfunktionen

Mit der neuen Toolbox wurden die zuvor getrennte Definition und Initialisierung von Modulfunktionen in eine Anweisung (Definement, Makro) der Form `MFUNC(name,options,{body})` zusammengefaßt.[158] Dabei ist `name` der in MuPAD sichtbare und durch einen `C++` Bezeichner spezifizierte Name der Modulfunktion, `options` entweder das Objekt `MCnop` für *no option* oder eine durch den Operator Oder (`|`) verknüpfte Liste von Optionen der Menge { `MChold`,[159] `MCremember`,[160] `MCnoeval`[161] } und `body` der Rumpf einer in der Programmiersprache `C++` definierten Modulfunktion.

Mit dem Aufruf der Modulfunktion enthält die Variable `MVnargs` die Anzahl der übergebenen Funktionsargumente und die Variable `MVargs` ein CAS-Objekt vom Typ `DOM_EXPR`,[162] in dem die Argumente gespeichert sind. Auf diese kann mittels der Funktion `MFarg(n)` zugegriffen werden.

Jede Modulfunktion muß mittels `MFreturn(s)` ein CAS-Objekt liefern oder mit `MFerror(e)` einen Fehlerabbruch erzwingen.

155 Vgl. hierzu Abschnitt 6 sowie die Dokumentation [MuLib].

156 `xxx` steht jeweils für ein beliebiges, in `C++` gültiges Postfix eines Bezeichners.

157 Generell sollte bereits auf die Verwendung des Präfixes `M` verzichtet werden, um mögliche Namenskonflikte mit internen Bezeichnern des MuPAD-Kerns zu vermeiden.

158 Vgl. hierzu die Beispiele auf Seite 68f und 74.

159 Vgl. [MuPAD], Abschnitt 2.6.5.1 *The Option hold*, Seite 112.

160 Vgl. [MuPAD], Abschnitt 2.6.5.2 *The Option remember*, Seite 114.

161 Verzicht auf jegliche Funktionsinitialisierung; reserviert für Kernentwickler.

162 Vgl. hierzu [MuPAD], Abschnitt 2.3.15 *Expressions*, Seite 48.

Beispiel:

```
MFUNC( monster,              // Funktionsname, wie in MuPAD sichtbar
       MCnop,                // Optionen der Modulfunktion oder MCnop
{
    if( MVnargs < 1 )                  // Anzahl der Funktionsargumente
        MFerror( "Feed me!" );                    // Ein Fehlerabbruch
    if( MVnargs > 1 )
        MFerror( "Too much food!" );
    if( !MFisInt(MFarg(1)) )
        MFerror( "Bad food!" );
    MFreturn( MFstring("More food!") );           // Der Funktionswert
} )
```

5.1.2 Vordefinierte CAS-Objekte

Spezielle bzw. sehr häufig benötigte CAS-Objekte sind in MuPAD bereits vordefiniert und werden von der Toolbox über C-Variablen bereitgestellt. So erhält man z.B. die Boole'schen Konstanten `TRUE`, `FALSE` und `UNKNOWN` durch die C-Ausdrücke `MVtrue`, `MVfalse` und `MVunknown`. Gleiches gilt für einige numerische Konstanten wie 0 (=`MVzero`), 1 (=`MVone`) und i (=`MVi`) oder wichtige Objekte wie `FAIL` (=`MVfail`), `NIL` (=`MVnil`) und `null()` (=`MVnull`). Instanzen dieser Objekten werden durch ein einfaches Kopieren[163] erzeugt.

Beispiel:

```
MTcell MyTrue;              // Deklaration eines MuPAD CAS-Objektes

MyTrue = MFcopy(MVtrue);    // Logisches Kopieren (Referenzzaehler)
MFout ( MyTrue );           // Ausgabe des Objektes durch den Kern
MFfree( MyTrue );           // Freigabe der Kopie des Objektes
```

5.1.3 Generieren von CAS-Objekten

Instanzen nicht bereits vordefinierter CAS-Objekte (vgl. hierzu Abschnitt 5.1.2) werden durch spezielle Konstruktoren generiert. Für einen gegebenen MuPAD-Datentyp `DOM_XXX` wird dazu eine Funktion `MFnewXxx` bereitgestellt, so z.B. für Listen die Funktion `MFnewList`, für endliche Mengen `MFnewSet` und für Ausdrücke (Funktionsaufrufe) `MFnewExpr`.

[163] Vgl. hierzu Abschnitt 5.1.4 die Routine `MFcopy(s)`.

Beispiel:

```
MTcell list;

list = MFnewList(0);          // Generieren einer Liste der Laenge 0
MFout ( list );
MFfree( list );
```

5.1.4 Konstruieren und Manipulieren von CAS-Objekten

CAS-Objekte werden in MuPAD als n-äre Bäumen repräsentiert, deren Knoten vom C-Datentyp `MTcell`[164] sind. Die CAS-Objekte können kopiert, generiert, durch sukzessive Verknüpfung konstruiert und durch Substitution von Knoten oder ganzen Teilbäumen manipuliert, d.h. abgeleitet werden. Hierzu werden unter anderem die folgenden, direkt auf der MuPAD Speicherverwaltung MAMMUT[165] aufsetzenden Basisroutinen zur Verfügung gestellt:[166]

`MFnops(s)`	–	Liefert die Anzahl der Söhne von `s`
`MFnops(s,n)`	–	Setzt die Anzahl der Söhne von `s` auf `n`
`MFop(s,n)`	–	Liefert den `n`-ten Sohn von `s`
`MFopSet(s,n,t)`	–	Setzt den `n`-ten Sohn von `s` zu `t`
`MFopSubs(s,n,t)`	–	Ersetzt den `n`-ten Sohn von `s` durch `t`
`MFsig(s)`	–	Berechnet und Setzt die Signatur von `s`
`MFcopy(s)`	–	Liefert eine logische Kopie von `s`
`MFchange(&s)`	–	Erstellt eine physikalische Kopie von `s`
`MFfree(s)`	–	Gibt das Objekt `s` samt seiner Söhne frei

Beispiel:

```
MTcell list;

list = MFnewList(2);  // Liste mit zwei undefinierten Eintraegen
MFopSet ( list, 0, MFcopy(MVtrue )  );  // Setze  1-tes Element
MFopSet ( list, 1, MFcopy(MVfalse)  );  // Setze  2-tes Element
MFout ( list );
MFopSubs( list, 1, MFcopy(MVunknown) );  // Ersetze 2-tes Element
MFout ( list );
MFfree( list );
```

[164] Wird innerhalb des MuPAD-Kerns sowie in [Mammut] als `S_Pointer` bezeichnet.

[165] Vgl. [Mammut].

[166] Für komplexere Manipulationen können auch die Algorithmen der MuPAD Sprachebene, die Anwenderfunktionen, aufgerufen werden. Siehe hierzu Abschnitt 5.1.7: `MFcall()`.

5.1.5 Typprüfung auf CAS-Objekten

Die Toolbox stellt elementare Routinen zur Typprüfung bereit. So kann mit MFdom der Typ, genauer das Basisdomain,[167] eines CAS-Objektes ermittelt (siehe Beispiel) und mit der Routine MFisXxx ein schneller Test auf den Datentyp DOM_XXX vorgenommen werden. Entsprechende Testfunktionen sind auch für die in Abschnitt 5.1.2 aufgeführten vordefinierten CAS-Objekte verfügbar.

Für Objekte vom Typ DOM_EXPR wird in MuPAD eine zusätzliche Typisierung über den Funktionsnamen des Ausdrucks vorgenommen.[168] Dieser Typ kann entweder über die Anwenderfunktion type - mittels MFtype - bestimmt oder schneller durch einen Aufruf der Form MFisExpr(expr,"fname") für den Typ "fname" getestet werden.

Beispiel:

```
MTcell list;
MTcell obj = MFfloat(42.0);

if( MFdom(obj) == DOM_INT )        MFputs( "Integer" );
else if( MFisExpr (obj,"_plus") ) MFputs( "Sum"  );
else if( MFisTrue (obj) )          MFputs( "True" );
else if( MFisFloat(obj) )
         MFprintf( "Float = %lf\n", MFfloat(obj) );
MFfree( obj );
```

5.1.6 Konvertieren zwischen C- und CAS-Datentypen

Zur Einbindung von C Algorithmen wird häufig die Möglichkeit des Konvertierens von CAS-Objekten in C-Daten, und umgekehrt, benötigt. Für jeden Typ xxx der Menge $\{bool, long, double, string, ident\}$ wird dazu eine Routine MFxxx bereitgestellt.[169]

ident steht für den Datentyp DOM_IDENT und wird in C auf einen String (char*) abgebildet. Die Aufrufe MFident(s) und MFstring(s) liefern direkt einen Verweis auf den in s eingebetteten C-String, der im allgemeinen nicht manipuliert werden darf. Bei Angabe der Option MCcopy liefern die Routinen eine Kopie.

---

[167] Vgl. [MuPAD], Table A.1 *Data Types and their operands*, Seite 503. Sollen Domainelemente nicht nur als DOM_EXT, sondern ihrem Domain entsprechend erkannt werden, so muß die Anwenderfunktion domtype bzw. type mittels MFdomtype bzw. MFtype aufgerufen werden.

[168] Vgl. hierzu [MuPAD], Abschnitt 2.10.1 *Types and Expression Types*, Seite 140.

[169] Hierbei wird die Überladbarkeit von C++ Funktionen ausgenutzt. Vgl. hierzu das gegebene Beispiel: MFlong. Zudem gilt: MFint = MFlong und MFfloat = MFdouble.

Beispiel:

```
MTcell mvalue;
long   cvalue;
char*  cstring;

cvalue = MFlong( MVzero ) + 1L;        // Konvertieren in 'long'
mvalue = MFlong( cvalue );             // Konvertieren in 'DOM_INT'
if( !MFisOne(mvalue) )
    MFputs( "Ups" );
MFfree( mvalue );

mvalue  = MFdomtype(MVfail);           // Test liefert Bezeichner
cstring = MFident(mvalue, MCcopy);     // Konvertieren in 'char*'
MFprintf( "Typ = %s\n", cstring );
MFfree( mvalue );
free( cstring );                       // wegen 'MCcopy'
```

5.1.7 Aufrufen von Anwenderfunktionen

Eine MuPAD Anwenderfunktion ist eine Systemfunktion, Modulfunktion oder Bibliotheksfunktion und somit entweder ein (ggf. dynamischer) Bestandteil des CAS-Interpreters oder eine durch ihn zu interpretierende Datenstruktur. In jedem Fall kann sie nicht wie eine Kernfunktion direkt aufgerufen werden, sondern benötigt eine spezielle Einsprungsmethode. Zum Aufruf von Anwenderfunktionen wird daher die Routine `MFcall(xxx, N, arg1,..,argN)`[170] zur Verfügung gestellt, wobei `xxx` die Angabe des Funktionsnamens als C-String sowie als CAS-Objekt - z.B. als Objekt vom Typ `DOM_IDENT` - erlaubt, `arg1`,...,`argN` die Funktionsargumente (CAS-Objekte) und `N` deren Anzahl definiert.

Beispiel:

```
MTcell result, value;

value  = MFfloat(1.3);                 // Erzeugen eines DOM_FLOAT
result = MFcall( "sin", 1, value );    // Aufruf der Sinusfunktion
MFout ( result );
MFfree( result );
```

[170] Der Aufruf von Anwenderfunktionen ist, aufgrund des zusätzlichen Verwaltungsaufwands, etwas langsamer als der direkte Aufruf einer Kernfunktion.

5.1.8 Vergleichen von CAS-Objekten

Es werden zwei Klassen von Vergleichsroutinen unterschieden. Beim Vergleich beliebiger CAS-Objekte wird auf die MuPAD-interne Ordnung[171] zurückgegriffen:

`MFequal(s,t)`	–	Testet beliebige Objekte auf Gleichheit
`MFcmp(s,t)`	–	Liefert 0 bei Gleichheit, sonst −1 bzw. 1

Zum Vergleich numerischer Daten, also den Objekten vom Datentyp `DOM_INT`, `DOM_RAT` und `DOM_FLOAT`, stehen die Routinen `MFeq` (==), `MFneq` (! =), `MFlt` (<), `MFle` (<=), `MFgt` (>) und `MFge` (>=) zur Verfügung. Die Unterscheidung ist wichtig, da die interne Ordnung von der numerischen abweichen kann.[172]

Beispiel:

```
if( MFgt(MVzero, MVone) )
    MFputs( "Ups" );
switch( MFcmp(MVnil,MVfail) ) {
  case  0:  MFputs( "Nil = Fail" );  break;
  case -1:  MFputs( "Nil < Fail" );  break;
  case  1:  MFputs( "Nil > Fail" );  break;
}
```

5.1.9 Elementare Arithmetik auf CAS-Objekten

Die Toolbox stellt elementare Routinen der Langzahlarithmetik auf den Datentypen `DOM_INT`, `DOM_RAT`, `DOM_FLOAT` und `DOM_COMPLEX` zur Verfügung. Für komplexere Funktionen sowie das Rechnen mit Unbestimmten (symbolisches Rechnen) kann auf MuPAD Anwenderfunktionen[173] zurückgegriffen werden.

`MFadd(s,t)`	–	Liefert die Summe `s` + `t`
`MFaddto(s,t)`	–	Addiert `t` zu `s`
`MFdiv(s,t)`	–	Liefert den Quotienten `s / t`
`MFabs(s,t)`	–	Liefert den Betrag von `s`
`MFMFpower(s,t)`	–	Liefert die Potenz `s ^ t`
`MFgcd(s,t)`	–	Liefert den ggT von `s` und `t`

[171] Definiert durch die Signaturen der MuPAD Speicherverwaltung MAMMUT. Vgl. hierzu [Mammut] sowie in Abschnitt 5.1.4 die Routine `MFsig(s)`.

[172] Vgl. in MuPAD 1.3: `sysorder(1/2,1/3)` ↮ `sysorder(float(1/2),float(1/3))`.

[173] Vgl. Abschnitt 5.1.7 die Routine `MFcall()`.

5.1.10 Ein- und Ausgeben von CAS-Objekten

CAS-Objekte werden auf der Sprachebene C mittels MFout auf die Standardausgabe des MuPAD Systems[174] ausgegeben. Ausgaben in Dateien werden dagegen durch Aufruf der entsprechenden Anwenderfunktionen[175] vorgenommen. Zur Ausgabe von C-Strings und C Datentypen stehen die Routinen MFputs und MFprintf zur Verfügung. Sie arbeiten analog zu den C-Funktionen puts und printf, verwenden dabei aber die Standardausgabe des MuPAD Systems.

Zudem kann der Anwender CAS-Objekte mittels der Routine MFexpr2text in C-Strings umwandeln. Hierbei handelt es sich stets um eine Darstellung im *raw mode*,[176] die in der Form auch wieder als gültige MuPAD Eingabe verwendet werden kann. Die Routine MFtext2expr ermöglicht dazu die Konvertierung eines entsprechenden Strings in ein MuPAD CAS-Objekt.

5.2 Zusammenfassung und Ausblick

Die Toolbox ermöglicht nun ein komfortables und effizientes Implementieren von MuPAD Kern- und Modulfunktionen. In Hinblick auf den Einsatz durch externe Entwickler zeigt die bisherige Erfahrung jedoch, daß in zwei Bereichen noch Handlungsbedarf besteht: Bei der Bereitstellung von high-level Servicefunktionen zum schnellen und einfachen Zugriff auf komplexe Datentypen wie Domains, Polynome oder Matrizen sowie im Bereich des direkten Zugriffs auf die MuPAD Speicherverwaltung.

Zur Zeit muß der Programmierer selbst dafür Sorge tragen, daß er temporär erzeugte CAS-Objekte freigibt. Die automatische Freigabe der Objekte würde den Programmierkomfort deutlich erhöhen.[177] Dies kann in C++ z.B. durch Bereitstellung einer von MTcell abgeleiteten Klasse temporärer CAS-Objekte ermöglicht werden. Auf diese Weise können diese Objekte bei jeder Zuweisung sowie beim Verlassen einer C++ Funktion durch einen speziellen Destruktor automatisch freigegeben werden. Ziel ist es, auch weiterhin, durch die explizite Freigabe der CAS-Objekte, während der Evaluierung auf eine garbage collection verzichten zu können.

[174] Das Terminal bzw. das MuPAD Session Fenster (Notebook).

[175] Vgl. hierzu [MuPAD] sowie in Abschnitt 5.1.7 die Routine MFcall().

[176] Gegenteil von *pretty print mode*. Vgl. hierzu [MuPAD], PRETTY_PRINT, Seite 431.

[177] Derzeit verwendet MuPAD keine *garbage collection*. Da die Freigabe der CAS-Objekte explizit erfolgt, kann hierauf verzichtet werden. Lediglich bei der Rückkehr zur interaktiven Ebene werden mittels eines *mark and sweep* Algorithmus CAS-Objekte freigegeben, die nach Ausnahmebehandlungen (Fehlerabbruch) übrig blieben.

6 C-caller Versionen von CA-Systemen

In den vorangehenden Kapiteln wurde das Einbinden von Software-Paketen nur aus der Sicht eines CA-Systems betrachtet, wobei dies stets die Benutzungsschnittstelle für den Anwender definierte. Eine weitere sehr flexible Möglichkeit der Anbindung eigener Algorithmen bzw. Applikationen an CA-Systeme bieten die sogenannten *C-caller Versionen.*

Die C-caller Version eines CA-Systems stellt den CA-Kern üblicherweise als eine statische oder dynamische Library[178] zur Verfügung. Er kann so durch den Linker direkt in ein Anwenderprogramm eingebunden werden, das auf diese Weise die Fähigkeit des symbolischen Rechnens erhält. Eine entsprechende Anwenderschnittstelle - hier in der Programmiersprache C++[179] - stellt dabei die Funktionen zur Kommunikation mit dem CA-Kern zur Verfügung.

Zum Zugriff auf den CA-Kern bietet sich einerseits eine textbasierte Kommunikation an - hier werden Ein- und Ausgaben über Zeichenketten (C-Strings) ausgetauscht - sowie auch der direkte Zugriff auf die internen Datenstrukturen des Kerns. Die Vorteile eines direkten Zugriffs wurden insbesondere in Kapitel 1 diskutiert. Der Vorteil einer textbasierte Kommunikation liegt in der strukturellen Einfachheit. Beide Verfahren können problemlos und technisch einfach realisiert werden, indem der Kern vom Linker direkt in die Applikation eingebunden wird.

Um den Einsatz des Kerns flexibler zu gestalten, kann dieser auch als *load-on-demand* Version bereitgestellt werden. Er wird dabei erst zur Laufzeit und nur bei Bedarf an die Applikation gebunden. Der Kernzugriff kann in diesem Fall allerdings nicht mehr direkt, d.h. allein durch den Compiler und Linker verwaltet werden, sondern erfordert den Einsatz von eigenen Adreßevaluierungsmethoden, wie sie z.B. für dynamische Module entwickelt wurden. Hierauf wird in Abschnitt 6.4 näher eingegangen.

Haupteinsatzgebiet von C-caller Versionen sind Applikationen, die ihrem Zweck entsprechend eine eigene Benutzungsschnittstelle definieren und als Teilaspekt ihres Aufgabenbereiches mathematische Probleme symbolisch oder numerisch mit einer sehr hohen Genauigkeit lösen müssen. Konkrete Beispiele sind Konstruktionswerkzeuge im Bereich der Mechatronik und des Maschinenbaus, Interaktive (Lehr-)Bücher zur Mathematik und sachverwandten Gebieten (*learning by doing*), der Einsatz von CA-Systemen im Word-Wide-Web oder die Unterstützung von Simulationswerkzeugen.

---

[178]Hier eine Sammlung von Maschinencodefunktionen. Vgl. auch Abschnitt A.4.

[179]Schnittstellen für andere Programmiersprachen sind denkbar.

6.1 MuLib - Die C-caller Version zu MuPAD

Die MuPAD C-caller Version ist als *MuLib-Paket*[180] ab MuPAD Release 1.3 für die gängigen UNIX Systeme verfügbar[181] und bietet die gleichen mathematischen Möglichkeiten wie die Standardversion des MuPAD-Kerns. Einschränkungen ergeben sich - wie bei der Terminal Version - lediglich durch die fehlende Unterstützung der Graphik und des Hypertext Manuals. Technische Details sowie aktuelle Informationen sind der Dokumentation [MuLib] zu entnehmen.

6.2 MuLib - Die Anwenderschnittstelle

6.2.1 Überblick

Die Abbildung 10 stellt den Aufbau und die Kommunikationsstrukturen einer MuLib Applikation dar. Neben dem Anwendercode und dem MuPAD-Kern ist insbesondere auch die MuPAD Library ein notwendiger Bestandteil der Applikation bzw. ihrer Laufzeitumgebung.

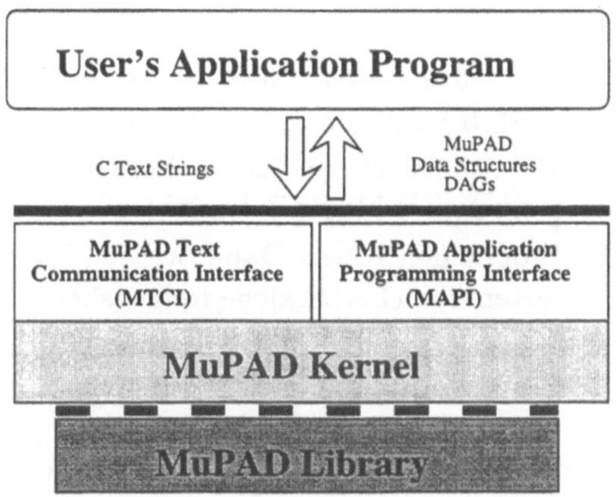

Abbildung 10: Kommunikationsschema einer MuLib Applikation

Wie die Abbildung zeigt, stellt das MuLib Paket dem Anwender zwei Arten der Kommunikation mit dem MuPAD-Kern zur Verfügung. Dabei dient das *Text Communication Interface* der textbasierten Kommunikation mittels C Strings und das *MuPAD Application Programming Interface* dem direkten Zugriff auf den MuPAD-Kern und seine internen Datenstrukturen.

180 Verfügbar auf Anfrage an den Autor oder an `MuPAD-Distribution@uni-paderborn.de`

181 Für Windows steht derzeit nur ein DDE fähiger MuPAD Kern zur Verfügung.

6.2.2 Die MuLib Interface Routinen

Das Interface besteht aus den in Abbildung 11 aufgeführten Routinen[182] sowie den Funktionen des MuPAD Application Programming Interfaces. Letzteres wird in MuPAD direkt durch die in Abschnitt 5 beschriebene Kernschnittstelle (Toolbox) der dynamischen Module realisiert.

<table>
<tr><th>Funktion</th><th>MTCI</th><th>MAPI</th></tr>
<tr><td>Initialisierung
Reinitialisierung
and Beendigung</td><td colspan="2">mupadInit()
mupadReset()
mupadExit()</td></tr>
<tr><td>Callback Routine</td><td colspan="2">mupadCallBack()</td></tr>
<tr><td>Evaluierung und
Konvertierung</td><td colspan="2">mupadEval()
mupadConvert()</td></tr>
<tr><td>Ausgabe</td><td>-</td><td>mupadOut()</td></tr>
</table>

Abbildung 11: Die MuLib Interface Funktionen

`mupadInit()`: Startet den Kern. Muß genau einmal vor allen anderen MuLib Funktion aufgerufen werden.

`mupadReset()`: Reinitialisiert den Kern. Dies ist nützlich zum Rücksetzen aller MuPAD Variablen.

`mupadExit()` Stoppt den Kern. Dabei werden alle vom Kern allozierten Speicherbereiche freigegeben.

`mupadCallBack()`: Installiert einen Callback. Der Callback wird vom MuPAD Kern periodisch aufgerufen und kann z.B. zur Kernunterbrechung, der Ausführung von Co-Routinen oder zur Animation des Cursors eingesetzt werden.

`mupadEval()`: Evaluiert einen Ausdruck. Das Argument ist entweder eine Zeichenkette - das Resultat wird dann ebenfalls als Zeichenkette geliefert - oder ein MuPAD CAS-Objekt, wobei das Resultat dann entsprechend als CAS-Objekt zurückgegeben wird. Eine Ausgabe in Dateien oder Streams wird gleichfalls unterstützt.

`mupadConvert()`: Konvertiert ein MuPAD CAS-Objekt in eine Zeichenkette bzw. eine Zeichenkette in ein CAS-Objekt.

`mupadOut()`: Gibt ein MuPAD CAS-Objekt in eine Datei aus.

[182] Eine detailierte Beschreibung wird in [MuLib] gegeben.

6.2.3 Ein kleines Programmierbeispiel

Das folgende Beispiel beschreibt die Implementation einer simplen Kommandozeilen Version eines symbolischen Rechners calc und demonstriert dabei den Einsatz der MuPAD C-caller Version unter Verwendung der MuLib Interface Funktionen. Der gegebene C-Code wird in der Datei calc.cc gespeichert:

```
/*** calc.cc - A simple command line calculator ******/
#include "mupad.h"          /* Interfaces: MTCI + MAPI */

main( int argc, char *argv[] )
{  char    lpath[99];

   if( argc < 2 || argc > 2 ) {
       puts("usage: calc \"expression\" \n"); exit(1);
   }

   /*** Path of the MuPAD language library ***********/
   sprintf( lpath, "%s/share/lib", getenv("MuPAD_ROOT_PATH") );

   /*** Startup and initialize the MuPAD kernel ******/
   mupadInit( lpath );

   /*** Evaluate the given expression ****************/
   mupadEval( argv[1], stdout );

   /*** Terminate the MuPAD kernel *******************/
   return( mupadExit() );
}
```

Im folgenden wird davon ausgegangen, daß sowohl MuPAD Release 1.3 als auch das MuLib-Paket ordnungsgemäß installiert sind. Weiterhin sei MULIB der Zugriffspfad auf das Verzeichnis in dem das MuLib Paket installiert ist.
Zum Übersetzen und Linken des Beispielprogramms wird der Prototyp eines MuLib Makefiles (die Datei MULIB/Makefile) in das aktuelle Verzeichnis kopiert und um die folgenden Zeilen ergänzt:

```
calc:   calc.cc
        $(CC) $(MCFLAGS) -o clac calc.cc $(MLFLAGS)
```

Nach dem Compilieren des Quellcodes durch den Aufruf von make, kann das Programm calc wie folgt eingesetzt werden:

```
andi> ./calc 'limit((1+1/n)^n,n=infinity)'

                                    E

andi> ./calc 'DIGITS:=136: float(PI);'

3.14159265358979323846264338327950288419716939937510582097494459230 7\
8164062862089986280348253421170679821480865132823066470938446095505 82
```

6.3 Technische Verfahren zur Kerneinbindung

Es gibt im wesentlichen drei verschiedene Möglichkeiten den CA-Kern in eine Applikation einzubinden:[183]

Statischer Kern: Statische C-caller Versionen basieren auf statischen Libraries und sind einfach zu handhaben, da sie erfahrungsgemäß die geringsten Probleme mit Compilern und Linkern verursachen. Sie sind - genau wie der dynamische Kern - adäquat für den Einsatz in Applikationen, die permanent auf den CA-Kern zugreifen. So zum Beispiel das Frontend eines CA-Systems, das eine zwei-dimensionale Ein- und Ausgabeschittstelle realisiert.

Dynamischer Kern: Dynamische C-caller Versionen basieren auf dynamischen Libraries. Sie haben den Vorteil, daß der CA-Kern einer Applikation ausgetauscht werden kann, ohne daß dies eine Neuerstellung der Applikation erfordert.[184] Da der Kern auch in diesem Fall bereits zum Start der Applikation automatisch vom Betriebssystem in den Arbeitsspeicher geladen wird, verhält er sich aus Sicht der Speicherlast genau wie der statische Kern.

load-on-demand Kern: Die *load-on-demand* C-caller Version basiert ebenfalls auf dynamischen Libraries, die hier jedoch zur Laufzeit der Applikation explizit ein- und ausgeladen werden können. Sie eignet sich insbesondere für Applikationen, die nur relativ selten auf den CA-Kern zugreifen und die erhöhte Speicherlast durch den Kern nur im Bedarfsfall dulden wollen. Zudem bietet sie die Möglichkeit, den CA-Kern optional - ggf. als ein add-on Paket einer Applikation - anzubieten.[185] Die load-on-demand Version erhöht die Flexibilität

[183] Stand Aug. 1996: Derzeit unterstützt MuLib nur einen statischen Kern.

[184] Sofern die Kern-Schnittstellen nicht verändert wurden.

[185] Dies kann insbesondere für den kommerziellen Einsatz und der Vergabe von getrennten Lizenzen für die Applikation und den CA-Kern von Interesse sein.

und das Einsatzgebiet des CA-Systems damit wesentlich. Als Beispiel sei ein interaktives Lehrbuch zur Mathematik oder verwandten Fachgebieten genannt, das - ggf. optional - mit einem Computeralgebra-System ausgeliefert werden kann und ein *leraning by doing* unterstützt.

6.4 Eine load-on-demand C-caller Version

Die Realisierung dieses Konzeptes erfordert die Erweiterung der Schnittstellenfunktionen `mupadInit()` - sie wird für das Einladen des CA-Kerns sowie die Konfiguration der Kernanbindung sorgen - und der Funktion `mupadExit()`, die den CA-Kern aus dem Arbeitsspeicher auslädt.

Hier stellen sich die gleichen Anforderungen, wie schon bei der Entwicklung der dynamischen Module. Die dort entwickelten Techniken ermöglichen es nun auch eine *load-on-demand* C-caller Version eines CA-Kerns zur Verfügung zu stellen. Der Zugriff auf Kernobjekte erfolgt dabei unter Anwendung eigener Methoden zur Adreßevaluierung, wie sie in den Abschnitten 2.3.4 und 2.3.5 vorgestellt wurden.

6.4.1 Zur Realisierung des MTCI

Zum Laden und Ausladen der C-caller Version des Kerns werden die in Abschnitt 3.2.3 (S. 52ff) beschriebenen betriebssystemabhängigen Methoden eingesetzt. Zur Erstellung einer load-on-demand C-caller Version wird der CA-Kern analog zu den dynamischen Modulen unter UNIX Systemen zu einer dynamischen Library übersetzt. Entsprechende Hinweise sind dem Abschnitt 4.2 S. 65ff zu entnehmen. Dabei wird der Kern mit einem speziellen *entry point*[186] - im folgenden als `kernel_init` bezeichnet - versehen, der dem initialen Einsprung in den Kern sowie der Konfiguration der Kernanbindung an die laufende Applikation dient.

Soll zum Zugriff auf den Kern allein die textbasierte Kommunikation (MTCI) eingesetzt werden, so reduzieren sich die direkten Kernzugriffe auf die wenigen, in Abbildung 11 dargestellten Schnittstellenfunktionen. In diesem Fall ist es einfach und effizient die Funktion `kernel_init` auch direkt als Sprungverteiler in den Kern zu nutzen. Sie wird dabei mit einem Funktionsindex `Fidx` und einer Variablen Anzahl von Argumenten aufgerufen. Zum Beispiel: `kernel_init( int Fidx, ... )` mit `Fidx` $\in$ { `Mkinit`, `Mkexit`, `Mkreset`, `Mkcallback`, `Mkeval` }. Weitere eigene Methoden der Adreßevaluierung sind dann nicht mehr erforderlich.

[186]Einsprungstelle, Vgl. hierzu auch Abschnitt 3.2.3, Seite 3.2.3 und Seite 53 „AIX“.

6.4.2 Zur Realisierung des MAPI

Hier hängt die Realisierung wieder von den Eigenschaften der verfügbaren dynamischen Linker ab. Um die Portabilität zu wahren und die im Zusammenhang der dynamischen Module genannten Probleme zu lösen, wird dabei auf eigene Methoden der Adreßevaluierung zurückgegriffen.
Durch das Konzept bzw. die Implementation der dynamischen Module stehen mit der Symboltabelle `symb_tab`[187] und der Interface-Ebene[188] die wesentlichen Hilfsmittel zur Realisierung eines direkten Kernzugriffs zur Verfügung. Was noch fehlt ist die Protokollschicht, die bei den dynamischen Modulen als mmg-Ebene[189] bezeichnet wird und den Zugriff der Interface-Ebene auf die Symboltabelle des Kerns ermöglicht. Die Techniken wurden ebd. vorgestellt und können in einer, für diesen Zweck vereinfachten Form übernommen werden.

6.4.3 Anmerkung zur Realisierung des MAPI

Die hier beschriebene load-on-demand C-caller Version erlaubt im Gegensatz zu den dynamischen Modulen keine Verdrängung[190] des CA-Kerns aus dem Arbeitsspeicher, da dies den Verlust seines aktuellen Zustands (Werte globaler Variablen, Datenstrukturen des Anwenders, ...) zur Folge hätte. Dies kann nur durch Setzen von sogenannten *Fixpunkten*, d.h. dem Sichern des gesamten Zustands des CA-Kerns auf einen Sekundärspeicher, umgangen werden und ist mit erheblichem Aufwand verbunden. Es scheint daher nicht sinnvoll einen Verdrängungsmechanismen für den Kern zu implementieren.
Der Anwender kann das Laden und Ausladen des CA-Kerns dagegen zu jedem Zeitpunkt eigenverantwortlich durch den expliziten Aufruf der Funktion `mupadInit()` bzw. `mupadExit()` bewirken.

7 Ein CA-Compiler für MuPAD

Der *CA-Compiler* soll Algorithmen, die in der *CA-Sprache* implementiert wurden, in eine laufzeiteffizientere Darstellung transformieren. Ziel dieser Transformation ist es, den Code von MuPAD-Algorithmen zu optimieren und die relativ aufwendige Interpretation der CAS-Objekte während der Ausführung einer Prozedur zu umgehen oder zumindest stark einzuschränken.[191] Als Ziel-

[187] Vgl. hierzu Seite 35.
[188] Vgl. hierzu Abschnitt 2.3.5, Seite 37f.
[189] Vgl. hierzu Abschnitt 3.2.4 auf Seite 56 sowie Abschnitt 4.3.
[190] D.h. Automatisches Ausladen, vgl. hierzu Seite 16 und Abschnitt 2.2.1.
[191] Vgl. hierzu auch Seite 2ff zum Stichwort „Interpreter“ sowie Abbildung 1.

sprache soll, soweit dies für die entsprechenden CAS-Objekte möglich und aus Gründen der Effizienz sinnvoll ist, Maschinencode verwendet werden. Mit dem CA-Compiler soll dem Anwender neben der Programmierung von Modulfunktionen eine weitere komfortable Möglichkeit gegeben werden, die Effizienz seiner MuPAD-Algorithmen zu steigern.

Die folgenden Abschnitte stellen die Grundlagen sowie eine Basis-Implementation eines CA-Compilers für MuPAD vor. Die Implementation wurde in einer Studie für das MuPAD Release 1.2.2 erarbeitet und beschränkt sich auf die wesentlichen Kernstücke des Compilers. Der MuPAD-Compiler liegt zur Zeit in einer arbeitsfähigen, aber nur experimentellen Form vor.

Im Anschluß folgt eine kurze Bewertung, in der auf einige strukturelle Probleme einer Compiler-Implementation in MuPAD-1.2.2 eingegangen wird. Das Kapitel endet mit einem Ausblick auf die Möglichkeiten zukünftiger Erweiterungen.

7.1 Aufbau des MuPAD-Compilers

Als Basis der Implementation des CA-Compilers in MuPAD dient das Konzept der dynamischen Module. Hierbei bildet der CA-Compiler eine MuPAD-Prozedur zunächst auf den C-Code einer Modulfunktion ab und übergibt diesen an den Modulgenerator, der daraufhin ein ladbares MuPAD-Modul generiert. Abbildung 12 stellt diesen Vorgang schematisch dar.

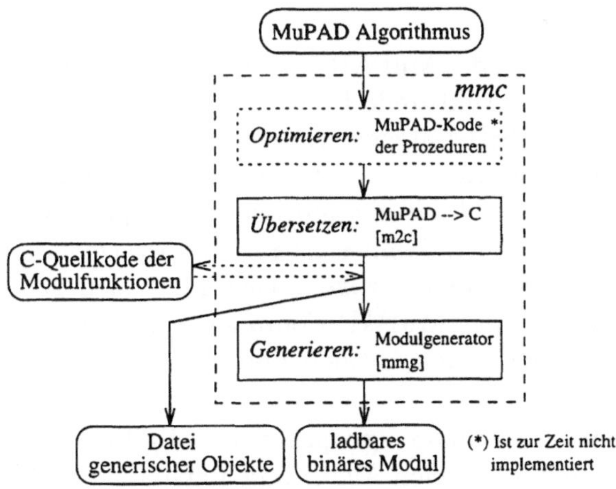

Abbildung 12: Schema des MuPAD-Compilers

Die in Abbildung 12 dargestellte Optimierungsstufe soll den MuPAD-Code von Prozeduren vereinfachen und optimieren. Der *Optimierer* wurde bisher nicht implementiert, da die automatische Optimierung von Prozeduren auch unabhängig vom MuPAD-Compiler eingesetzt werden kann und es sinnvoll erscheint die Implementation im Rahmen einer Erweiterung des *Simplifier* vorzunehmen.

Hauptbestandteil des MuPAD-Compilers ist die als *m2c* gekennzeichnete Übersetzungsphase. Durch sie werden die CAS-Objekte des gegebenen Algorithmus analysiert und entweder direkt auf C-Code abgebildet oder als *generische Objekte* verwaltet.[192] Der Grund für die Verwendung generischer Objekte ist, daß nicht alle CAS-Objekte eine direkte Darstellung in der Programmiersprache `C` besitzen - so z.B. die MuPAD-Tabellen (`DOM_TABLE`) - und einige MuPAD-Ausdrücke und Anweisungen - u.a. Zugriffe auf MuPAD-Tabellen - nicht auf effizienteren C-Code abgebildet werden können.

Der MuPAD-Compiler benötigt zur Verwaltung eines generischen Objektes keine näheren Informationen über das Objekt selbst. Dies ermöglicht es ihm auch unbekannte CAS-Objekte, das heißt MuPAD-Ausdrücke und Anweisungen, die in der Basis-Implementation noch nicht explizit berücksichtigt wurden, korrekt zu verarbeiten. Damit ergibt sich die Möglichkeit einer *inkrementellen Implementation* des MuPAD-Compilers. Darunter wird hier die Fähigkeit verstanden, daß schon die Basis-Implementation des Compilers jeden MuPAD-Algorithmus übersetzen kann, wobei alle unbekannten CAS-Objekte zunächst als generische Objekte verwaltet werden. Durch den sukzessiven Ausbau des Compilers mit Parserfunktionen zur Analyse und Übersetzung weiterer CAS-Objekte erhält dieser zusätzliche Informationen mit denen er zunehmend effizienteren Code erzeugen kann.

Wichtige Entwurfskriterien des MuPAD-Compilers sind neben Gesichtspunkten der Effizienz auch seine strukturelle Einfachheit und Modularität. Diese sollen es nicht nur dem MuPAD-Entwickler, sondern in einer späteren Phase auch dem MuPAD-Anwender ermöglichen, den Compiler für seine Belange zu erweitern. Diese Eigenschaft macht das hier motivierte Compiler-Konzept besonders mächtig. Dem Anwender wird damit ermöglicht, über *Domains* eigene Datentypen und -strukturen mit den dazugehörigen Methoden zu implementieren und diese dann mit Hilfe des MuPAD-Compilers und der von ihm ergänzten *Parserfunktion*[193] auf effizienten C-Code und somit auf schnelle Modulfunktionen abzubilden.

Als Beispiel sei hier ein Domain `egruppe` zur Definition spezieller endlicher Gruppen genannt. Weiterhin seien Algorithmen erstellt worden, die auf diesen Gruppen arbeiten. Um kürzere Ausführungszeiten zu erreichen, werden die aus-

[192]Vgl. hierzu Abschnitt 2.2.3, Seite 19ff insbesondere zum Stichwort „Hybridfunktion" sowie Seite 47f. Ein einfaches Beispiel hierzu wird auf Seite 111ff vorgestellt.

[193]Diese Parserfunktion wird als eine spezielle MuPAD-Prozedur implementiert.

getesteten Algorithmen mit Hilfe des MuPAD-Compilers auf Modulfunktionen abgebildet und in einem Modul zusammengefaßt. Dabei werden die endlichen Gruppen und ihre Elemente zunächst als normale CAS-Objekte - je nach Ausbaustufe des Compilers ggf. als generische Objekte - behandelt. Eine wesentlich höhere Performance darf erwartet werden, wenn der Compiler Informationen bekommt, mit denen er die endlichen Gruppen und ihre Elemente direkt auf problemorientierte effiziente Datenstrukturen der Programmiersprache `C` abbilden kann. Dabei sollen die von ihm generierten Modulfunktionen stets auf den optimierten Datenstrukturen rechnen. Zur Ein- und Ausgabe wird ggf. noch eine Transformation zwischen der Darstellung als optimierte Datenstruktur und der als CAS-Objekt benötigt. Um nun eine derartige Übersetzung zu erreichen, muß der Anwender in dem Domain `egruppe` lediglich die Methode „`parser`" (siehe unten) ergänzen. Diese Parserfunktion wird vom MuPAD-Compiler dann automatisch zur Analyse und Übersetzung der Elemente und Methoden dieses Domains herangezogen.[194]

7.2 Parser und Code-Generierung (m2c)

Der MuPAD-Compiler, und damit insbesondere die Übersetzungsstufe *m2c*, ist als MuPAD-Package implementiert, was seine Wartung und Erweiterung vereinfacht. Um die Übersetzungszeiten zu verkürzen, können zukünftig zentrale Teile des Compilers und häufig benötigte Hilfsfunktionen auch in Form von Modulfunktionen implementiert werden.

Beim Übersetzen eines gegebenen MuPAD-Algorithmus - hier als eine Menge von MuPAD-Prozeduren verstanden - setzt der Compiler nicht auf dem Text auf, sondern arbeitet direkt auf der internen Repräsentation dieser CAS-Objekte.[195] Dabei sind die Objekte als n-äre Bäume organisiert so daß bei diesem Verfahren die lexikalische Analyse der Eingabe und eine damit verbundene Reimplementation des MuPAD-Parsers entfällt. Die Überprüfung der Syntax und der statischen Semantik wird bei diesem Verfahren ebenfalls vom MuPAD-Parser übernommen, der den Algorithmus beim Einlesen in das CA-System analysiert. Diese Voraussetzungen und die Annahme, daß der Anwender die CAS-Objekte nach dem Aufbau durch den Parser nicht mittels Systemfunktionen wie `subsop` deformiert, machen es dem Compiler nun relativ einfach. Er kann auf eine entsprechende Fehlererkennung und -behandlung fast vollständig verzichten und seine Eingabe bzgl. der Syntax sowie der statischen Semantik

[194] Hierzu muß die auf Seite 91 beschriebene Parserfunktion `Pexpression` etwas erweitert werden, damit sie Domain-Methoden von anderen Prozeduren unterscheiden kann.

[195] Vgl. hierzu auch Seite 2ff zum Stichwort „Parser" insbesondere Abbildung 1.

als korrekt annehmen. Diese Vorgehensweise ist in der Praxis sinnvoll, denn der Anwender kann seinen Algorithmus zunächst in der interaktiven MuPAD-Umgebung testen. Erst danach kommt ein Übersetzen durch den MuPAD-Compiler in Frage.

Bei der Übersetzung einer Prozedur muß der Compiler nun lediglich durch den n-ären Baum ihrer internen Repräsentation „wandern" und eine Attributierung der Knoten vornehmen, um daraufhin den entsprechenden C-Code sowie die Textdatei der generischen Objekte zu erzeugen.[196] Dazu wird die *m2c*-Stufe des MuPAD-Compilers um drei zentrale Parserfunktionen herum aufgebaut. Abbildung 13 stellt die Zusammenarbeit dieser Funktionen schematisch dar.

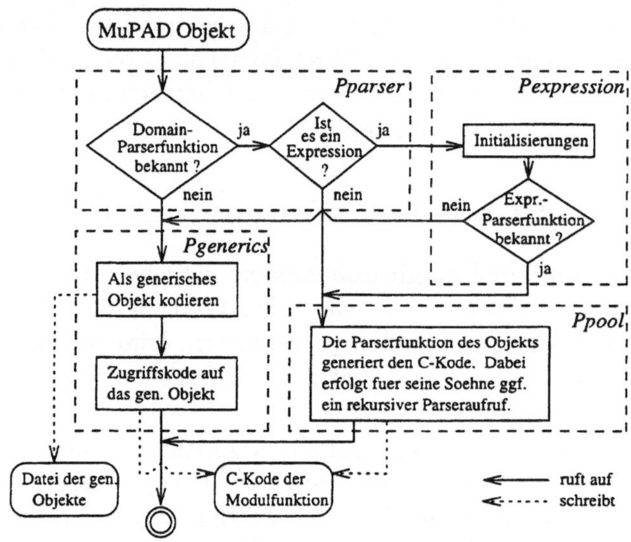

Abbildung 13: Vereinfachtes Schema des Parsers in m2c

Der Aufbau der m2c-Stufe leitet sich direkt vom MuPAD-Typkonzept ab, das *Basis-Domains*, *Anwender-Domains* und Ausdrücke unterscheidet. Jedes Objekt wird zunächst dadurch typisiert, daß es Element eines Basis- oder Anwender-Domains ist.[197] In einem zweiten Schritt können dann die Elemente einiger Domains feiner typisiert werden. Dies ist beispielsweise für das Basis-Domain `DOM_EXPR` der Fall, bei dessen Elementen es sich um Ausdrücke (*expressions*) handelt. Ausdrücke sind hier nicht-evaluierte Funktionsaufrufe und werden durch ihren Funktionsnamen typisiert. So wird zum Beispiel der Ausdruck

[196]Vgl. hierzu auch Abschnitt 7.6, Seite 105 zum Stichwort „Ausgabekonzept".

[197]Die Zahl 42 ist zum Beispiel ein Element des Basis-Domains `DOM_INT`.

`(a:=42)` in der internen Repräsentation der MuPAD-Objekte als der Funktionsaufruf `_assign(a,42)` dargestellt und ist somit vom Typ "`_assign`".[198] Im folgenden wird kurz auf die Arbeitsweise der in Abbildung 13 aufgeführten Parserfunktionen eingegangen:

Pparser: Diese Parserfunktion ermittelt den Grundtyp (das Domain[199]) des zu übersetzenden Objektes (dem aktuellen Knoten des rekursiven Abstiegs auf dem n-ären Baum einer Prozedur) und sucht dort nach einem Verweis auf eine Parserfunktion, über die das Objekt übersetzt werden soll. Besitzt das ermittelte Domain eine Methode "`parser`", so wird diese zur Analyse und Codeerzeugung aufgerufen. Andernfalls gilt das Objekt für den Compiler als unbekannt und wird zur Erstellung eines generischen Objektes an die Parserfunktion `Pgenerics` übergeben.

Pgenerics: Die Parserfunktion trägt das gegebene Objekt unter dem Namen der zu erzeugenden Modulfunktion in die Textdatei der generischen Objekte ein. In den C-Code der Modulfunktion werden entsprechende Anweisungen zum Zugriff auf dieses Objekt kodiert.[200]

Pexpression: Diese Parserfunktion ist der Ausgangspunkt zur Analyse aller zusammengesetzten MuPAD-Ausdrücke und Anweisungen - den Objekten vom Typ `DOM_EXPR`. Sie unterscheidet dabei unter anderem Ausdrücke die Aufrufe von System- und Modulfunktionen sowie von Prozeduren und Domain-Methoden repräsentieren. Bei den ersten beiden Funktionsarten greift sie auf den dritten Sohn der jeweiligen Funktionsumgebung[201] zu und sucht dort unter dem Index "`parser`" nach einer entsprechenden Parserfunktion. Für eine Prozedur gilt, daß sie entweder Bestandteil des gegebenen Algorithmus ist und damit selbst zu einer Modulfunktion übersetzt wird bzw. wurde oder daß sie nun automatisch in die Menge der zu übersetzenden Prozeduren aufgenommen wird.[202] Bei einer Domain-Methode wird der Eintrag "`parser`" des zugrundeliegenden Domains ausgewertet, um die Parserfunktion zu ermitteln.[203] Kann der Funktionsaufruf nicht näher analysiert werden, so wird er als generisches Objekt be-

---

198 Vgl. hierzu [MuPAD], Abschnitt 2.5.2 *Assignments to Identifiers*, Seite 89.

199 Vgl. hierzu [MuPAD], Kapitel 2.3 *Basic Types*, Seite 26, insbesondere Abschnitt 2.3.18 *Domains* sowie das Paper *Domains und Domainelemente*, Holger Naundorf, Mai 1993.

200 Vgl. hierzu auch die Funktion `get_generic` auf Seite 34.

201 Vgl. hierzu Abschnitt 3.1.2, Seite 42ff, insbesondere Abbildung 6.

202 Dies kann über Compiler-Optionen gesteuert werden. Ebenso kann definiert werden, daß die Prozedur als generisches Objekt behandelt wird. So können nach dem Vorbild der Funktion `inc` in A.1.2 auch generische Algorithmen (Modulfunktionen) erzeugt werden.

203 Vgl. hierzu Fußnote 194.

handelt und an die Parserfunktion `Pgenerics` übergeben. Die Funktionsargumente (Söhne dieses Knotens) werden dabei jedoch zunächst einzeln durch die Parserfunktion `Pparser` analysiert.

Ppool: Der Bereich, der in Abbildung 13 als `Ppool` bezeichnet wird, repräsentiert die Menge der definierten Parserfunktionen. Diese sind entweder ein Teil der Standardumgebung des MuPAD-Compilers oder werden vom Anwender ergänzt, um selbstdefinierte Domains in effizienten C-Code zu übersetzen. Die Parserfunktion wird dazu einfach in Form einer Prozedur implementiert und als die Methode "`parser`" in das entsprechende Domain eingetragen.[204]

Der Aufbau des MuPAD-Compilers ist hochgradig modular und seine Erweiterung damit relativ einfach. Dazu trägt insbesondere auch die Tatsache bei, daß jedes MuPAD-Objekt für sich selbst bestimmt, wie es durch den Compiler analysiert und übersetzt werden soll.

7.3 Ein Beispiel

Um ein kleines Beispiel zur Anwendung des MuPAD-Compilers zu geben, werden zunächst zwei einfache Prozeduren definiert:

```
>> func1:= proc( x )
&> local y;
&> begin
&>    y:= sin( float(x) );
&>    return( y );
&> end_proc:

>> func2:= proc()
&> begin
&>    [ args() ];
&> end_proc:
```

Nach dem Laden des Compiler-Packages (*mmc*) wird die Compilerfunktion `mmc` aufgerufen, um die beiden oben aufgeführten Prozeduren zu übersetzen. Dabei gibt das erste Argument den Namen des zu erzeugenden Moduls an. Ihm folgt die Menge der zu übersetzenden Prozeduren. Das dritte Argument ist optional und definiert Optionen, die an den Modulgenerator übergeben werden:

---

[204] Auf die Beschreibung des Aufbaus einer Parserfunktion wird an diese Stelle aus Gründen des Umfangs verzichtet. Hier sei zunächst nur auf das MuPAD-Package `mmc` verwiesen.

```
>> loadlib( "mmc" ):
>>mmc( "test", {"func1", "func2"}, "-v -V Demo-Modul" );

MMC  --  MuPAD-Module-Compiler  --  V-0.0 Oct.94
MMC: 0 error(s), 0 warning(s), in 2 object(s)
MMG  -- MuPAD-Module-Generator --  V-1.21 Sep.94
mmg: Scanning source "test.c"
mmg: 2(+1) function(s) found
mmg: Adding MuPAD module management
 gcc -c MMGout.c -o MMGout.o
     -I/user/andi/MuPAD/share/mmg/include/kernel
     -I/user/andi/MuPAD/share/mmg/include/pari
     -I/user/andi/MuPAD/share/mmg/include/mmt
 mv  MMGout.o test.mdm
```

Nach dem Erstellen des C-Codes wurde automatisch der Modulgenerator gestartet und ein ladbares Modul generiert. Dieses wird im folgenden geladen und seine Funktionen mit den zuvor definierten Prozeduren verglichen:

```
>> info( module(test) );
   Module: 'test' created on 25.Okt.94 by mmg-V1.21
   Info  : Demo-Modul
                      Interface:
                  test::func1
                  test::func2

>> type(func1), type(test::func1);
                  DOM_PROC, DOM_FUNC_ENV

>> func1(2), test::func1(2);
                0.9092974268, 0.9092974268

>> type(func2), type(test::func2);
                  DOM_PROC, DOM_FUNC_ENV

>> func2(1,2,3,4), test::func2(1,2,3,4);
                [1, 2, 3, 4], [1, 2, 3, 4]
```

Nun werden zunächst die Laufzeiten der Prozedur `func1` gemessen:[205]

[205] Diese Messungen wurden auf einem PC-i486/33MHz mit 8Mb Arbeitsspeicher unter dem Betriebssystem Linux 1.1.8 in einer X11-Arbeitsumgebung vorgenommen.

```
>> time(( for i from 1 to 1000 do func1(2) end_for )),
   time(( for i from 1 to 1000 do func1(2) end_for ));
                          8870, 8630
```

Um einen fairen Vergleich zu erhalten, wird die Modulfunktion `test::func1` exportiert, bevor ihre Laufzeit ebenfalls gemessen wird. Der relativ aufwendige Zugriffsmechanismus auf Domain-Methoden würde das Ergebnis bei diesem kleinen Beispiel sonst verzerren:[205]

```
>> func1:= NIL: export( test ):
>> time(( for i from 1 to 1000 do func1(2) end_for )),
   time(( for i from 1 to 1000 do func1(2) end_for ));
                          8820, 8750
```

Es zeigt sich, daß die Laufzeiten der vom MuPAD-Compiler generierten Modulfunktion im Schwankungsbereich der Laufzeiten der Prozedur liegen. Die hier gemessenen Ergebnisse decken sich mit den Messungen an größeren Beispielen und zeigen, daß durch das Übersetzen der Prozeduren zu Modulfunktionen mit der Basis-Implementation des Compilers noch kein Geschwindigkeitsvorteil erreicht wird. Der Grund hierfür ist, daß dieser noch keine Möglichkeit hat, Systemfunktionen wie `_assign` (Zuweisung), `sin`, `float` und `return` zu analysieren und auf effizienten C-Code abzubilden. Sie sind bisher für den Compiler unbekannt und werden deshalb als generische Objekte verwaltet.[206] Eine höhere Performance läßt sich nun dadurch erzielen, daß für die genannten Systemfunktionen jeweils Parserfunktionen implementiert werden. Dabei können die besonderen Eigenschaften der einzelnen Systemfunktionen berücksichtigt und somit effizienterer C-Code erzeugt werden.

Weitere, die Effizienz begrenzende Faktoren ergeben sich aus den strukturellen Eigenschaften einer allgemeinen CA-Sprache wie MuPAD. Diese werden anhand von MuPAD-1.2.2 im folgenden Abschnitt kurz vorgestellt und diskutiert.

7.4 Strukturelle Probleme

7.4.1 Dynamic Scoping

In Programmiersprachen wie `C`, die ein *static scoping* verwenden, kann durch die Analyse einer Funktion `func` sofort ermittelt werden, welche der in ihr auftretenden Variablen lokal und welche global sind. Dies geschieht in `C` einfach dadurch, daß alle Variablen, die innerhalb einer Funktion definiert sind, als lokal

[206] Vgl. hierzu Seite 21 zum Stichwort „Hybridfunktion".

gelten und ausschließlich diese Funktion betreffen und alle anderen Variablen als global angenommen werden. Außerdem besteht keine Möglichkeit, innerhalb einer Funktion lokale Funktionen zu definieren. In der CA-Sprache MuPAD ist das nicht so. Hier wird ein *dynamic scoping* verwendet, was zur Folge hat, daß der Gültigkeitsbereich einer Variable nicht statisch durch den Ort ihrer Definition (global/lokal), sondern dynamisch während der Laufzeit anhand der Aufrufreihenfolge und der Schachtelung von Prozeduraufrufen bestimmt wird. Mit der Definition einer Variable x wird diese auf den MuPAD-*Stack* gelegt, wobei sie zuvor definierte gleichnamige Variablen verdeckt. Alle Funktionen, die im folgenden aufgerufen werden und auf eine für sie globale Variable x zugreifen, erhalten stets die Instanz von x, die zuoberst auf dem MuPAD-Stacks liegt. Daher kann erst zur Laufzeit bestimmt werden, ob eine Funktion dabei auf eine „echte“ globale Variable oder eine noch auf dem MuPAD-Stack liegende gleichnamige lokale Variable zugreift. Dies hängt jeweils vom Kontext des Funktionsaufrufes ab, was das folgende Beispiel verdeutlicht:

```
>> value:= 42:               ### Globale Variable ###

>> ff:= proc()
&> local value;              ### lokale  Variable ###
&> begin
&>     value:= 666;          ### lokale Zuweisung ###
&>     return( gg() );
&> end_proc:

>> gg:= proc()
&> begin
&>     return( value );      ### Welches 'value'? ###
&> end_proc:

>> gg(), ff();
                  42, 666
```

Obwohl die Variable `value` in der Prozedur `ff` als lokal definiert worden ist, verdeckt sie für die Prozedur gg die „echte“ globale Variable `value` und verändert dadurch das Ergebnis des Aufrufes `gg()`.

So praktisch das *dynamic scoping* für CA-Algorithmen und deren (ggf. auch automatische) Parallelisierung ist, so ungünstig ist es für einen CA-Compiler. Er kann bei der Analyse der Prozedur gg nicht feststellen, auf welche Instanz der Variable `value` diese zugreifen wird, da sich dies in Abhängigkeit des Aufrufkontextes ändert und im allgemeinen Fall erst zur Laufzeit ermittelt werden kann. Daher muß der Wert der Variable `value` auch bei dem vom MuPAD-Compiler erzeugten Code stets über den vom MuPAD-Interpreter eingesetzten MuPAD-Stack verwaltet werden.

Effizienter wäre es, wenn eine lokale Variable unabhängig vom MuPAD-Stack verwaltet und dabei direkt über die Speicheradresse auf den Variablenwert zugegriffen werden könnte. Damit würden das Ein- und Austragen einer lokalen Variable im MuPAD-Stack und damit auch die ständigen Stack-Zugriffe entfallen. Außerdem könnte der Variablenwert für lokale Optimierungen beliebig manipuliert werden, ohne daß Seiteneffekte berücksichtigt werden müßten. So müßten z.B. Schleifenzähler nicht notwendigerweise als CAS-Objekte verwaltet werden, sondern könnten in einigen Fällen über Maschinenzahlen und deren schnelle Arithmetik realisiert werden. Da aber andere Funktionen möglicherweise auf diese (scheinbar) lokalen Variablen zugreifen,[207] muß der MuPAD-Stack stets deren aktuellen Wert enthalten. Ein besonderes Problem ist dabei, daß eine Variable in CA-Sprachen wie MuPAD beliebige Ausdrücke und auch Anweisungen enthalten darf. Der CA-Compiler hat damit im allgemeinen Fall keine Möglichkeit, Seiteneffekte sowie versteckte Zugriffe auf lokale Variablen einer Prozedur zu erkennen und muß sie darum - oft unnötigerweise - als vorhanden annehmen, um stets korrekten Code zu erzeugen. Das folgenden Beispiel zeigt einen möglichen Seiteneffekt:

```
>> foolish:= hold(hold( (value:=value+29) )):
>> ff:= proc(x)
&> local value;
&> begin
&>     value:= 13;
&>     level( x, 2 );        ### 2-stufige Evaluierung ###
&>     return( value );
&> end_proc:

>> ff("anything"), ff(foolish);
                  13, 42
```

Beim Aufruf `ff(foolish)` bewirkt die zweistufige Evaluierung der Variable `x` einen Seiteneffekt, durch den die Variable `value` und somit auch der Funktionswert der Prozedur `ff` verändert wird. Würde der CA-Compiler die Variable `value` unabhängig vom MuPAD-Stack verwalten, so ginge die ursprüngliche Semantik der Prozedur verloren und die vom CA-Compiler erstellte Funktion würde stets den Wert 13 liefern. Grund dafür ist, daß bei der Evaluierung der

[207] Vgl. hierzu auch das Beispiel auf Seite 95.

Anweisung `value:=value+29` ein MuPAD-Stackzugriff erfolgt und der Evaluierer dabei in diesem Fall nicht auf die lokale, unabhängig von MuPAD-Stack verwaltete Variable `value` zugreift, sondern auf eine Instanz auf dem MuPAD-Stack. Existiert zu diesem Zeitpunkt keine solche Instanz, so wird mit dem Seiteneffekt eine neue Instanz der Variable `value` definiert.

Es gibt zwei Möglichkeiten, um den Zugriff auf CA-Variablen zu optimieren. So kann mit dem ersten Zugriff auf eine Variable des MuPAD-Stacks deren Speicheradresse ermittelt werden.[208] Alle weiteren Zugriffe können in dieser Funktion dann direkt über diese Adresse erfolgen (*address caching*).[209]

Eine zweite Möglichkeit ist die Einführung von Compiler-Anweisungen, mit denen der Anwender lokale Variablen als strikt lokal und damit als optimierbar im obengenannten Sinne auszeichnen kann. Der Anwender weiß, wie die einzelnen Prozeduren und ihre lokalen Variablen eingesetzt werden und kann - im Gegensatz zum CA-Compiler - entscheiden, welche dieser Variablen unabhängig vom MuPAD-Stack verwaltet werden dürfen. Durch die Auszeichnung dieser Variablen kann der CA-Compiler nun effizienteren Code erzeugen. Eine Compiler-Anweisung könnte z.B. als eine *Pseudo-Anweisung* `local_use_only()` in die Prozedur eingebracht werden. Wichtig ist dabei, daß sie keinen Seiteneffekt auslöst, der die Semantik der ursprünglichen Prozedur verändert:

```
test:= proc(x)
local a, c;
begin
    local_use_only(a,c);
    c:= 42;
    for a from 13 to 666 do  c:= c + do_anything();
    end_for;
    return( c );
end_proc:
```

Dabei muß der Anwender garantieren, daß hier weder die Funktion `do_anything` noch andere von `test` mittel- oder unmittelbar ausgeführte Funktionen auf die Variablen `a` und `c` zugreifen. Beide Variablen können in diesem Fall unabhängig vom MuPAD-Stack verwaltet werden. Der Schleifenzähler a darf vom CA-Compiler hier sogar direkt über Maschinenzahlen und Maschinenarithmetik realisiert werden.[210]

---

[208]Ein vergleichbares Verfahren wird für Variablenzugriffe des Evaluierers bereits durchgeführt. Quelle: Holger Naundorf, MuPAD, Nov. 1994.

[209]Ausnahmen sind die Funktion **context** (Seite 99 und [MuPAD] Seite 299) und parallele Konstrukte wie **parbegin** ([MuPAD] Seite 127), die den MuPAD-Stack manipulieren.

[210]Vgl. hierzu auch Abschnitt 7.4.4 und Fußnote 223.

Die beiden Verfahren zur Organisation schneller Variablenzugriffe ergänzen sich und sind - im ersten Fall mit einer Erweiterung des MuPAD-Kerns - relativ leicht zu realisieren.

7.4.2 Die Korrektheit des Compilers

Das in Abschnitt 7.4.1 vorgestellte *dynamic scoping* und die damit verbundene mögliche Verdeckung globaler Variablen kann auch Konsequenzen für die Korrektheit eines CA-Compilers haben. Wird dieser zum Beispiel nicht direkt auf der interaktiven Ebene des Interpreters, sondern indirekt über eine zweite Funktion aufgerufen, so sind deren (scheinbar) lokale Variablen für den Compiler global sichtbar. Dadurch können andere echt globale Variablen - z.B. der Bezeichner einer zu übersetzenden Prozedur - verdeckt werden, so daß der Compiler gegebenenfalls auf die falsche Instanz einer Variable zugreift und dabei keinen oder sogar falschen Code erzeugt. Aus diesem Grund wird ein indirekter Aufruf des Compilers zunächst generell verboten.

Das gleiche Problem existiert auch für die lokalen Variablen des Compilers selbst. Bei der Analyse des Ausdrucks `father(42)` muß der Compiler das Objekt `father` evaluieren, um herauszufinden, ob es sich hierbei um eine Prozedur oder Systemfunktion etc. handelt. In Abhängigkeit dessen werden weitere Schritte zur Codeerzeugung eingeleitet. Verwendet eine der sich zur Zeit im Aufruf befindlichen Parserfunktionen eine lokale Variable `father`, so erhält der Compiler Fehlinformationen. Dies ist kein alleiniges Problem des CA-Compilers, sondern tritt beim *dynamic scoping* immer dann auf, wenn in einer Prozedur eine Variable mehrstufig evaluiert werden muß.[211] Für den Compiler wird das Problem z.Zt. dadurch umgangen, daß Namenskonventionen für Compilervariablen aufgestellt wurden.[212] Eine Lösung dieses Problems kann es aber nur durch eine Erweiterung der CA-Sprache geben.

Eine allgemeine Lösung dieses Problems ist die Verwendung von *name spaces*, die mit einer der folgenden MuPAD-Versionen eingeführt werden.[213] Ein *name space* ist ein Bereich (benannter Kontext), in dem Variablen definiert werden. Auf diese kann unter Angabe ihres Names und des entsprechenden *name spaces* - also vergleichbar zu den MuPAD-Domains - zugegriffen werden. Neben den vom Anwender definierten *name spaces* werden in MuPAD standardmäßig dem Kontext der Prozedurtiefe[214] 0 (der interaktive Ebene, Kontext der globalen

[211] Vgl. [MuPAD], `level`, Seite 376.

[212] Die lokalen Variablen der Parserfunktionen haben z.B. stets das Suffix „_“.

[213] Hierzu existiert z.Zt. noch kein MuPAD-Paper. Alle Angabe zum Konzept der *name spaces* beruhen auf mündlichen Aussagen der Kernentwickler, MuPAD im Nov. 1994.

[214] Anzahl der auf dem MuPAD-Stack befindlichen Prozedurschachteln.

Variablen) sowie jeder Prozedur ein eigener *name space* zugeordnet. Damit können gleichnamige (globale/lokale) Variablen unterschieden werden, indem sie unter Angabe ihres *name spaces* ausgelesen bzw. evaluiert werden. Für den CA-Compiler bedeutet dies insbesondere, daß er stets auf die global definierten Bezeichner der Systemfunktionen und der zu übersetzenden Prozeduren zugreifen kann.

Eine zweite etwas speziellere, aber auch deutlich einfacher zu realisierende Lösung ist die Einführung einer Systemfunktion *contex_null*, mit der Objekte bezüglich des Kontextes der Prozedurtiefe 0 evaluiert werden können. Hierdurch wird der Zugriff auf die global definierten Bezeichner der Systemfunktionen und Prozeduren garantiert. Eine ähnliche Funktion existiert bereits in MuPAD. Sie heißt *context*[215] und ermöglicht es, Objekte innerhalb der Prozedurtiefe n im Kontext des Prozedurtiefe $n-1$ zu evaluieren. Diese Funktion arbeitet nur einstufig und relativ zur aktuellen Prozedurtiefe. Dies reicht für den Compiler nicht aus, da er rekursiv arbeitet und die aktuelle Prozedurtiefe dabei im allgemeinen größer als 1 ist.

7.4.3 Einsprung in Systemfunktionen

Für Systemfunktionen, die der CA-Compiler aus technischen Gründen oder aufgrund der Tatsache, daß zur Zeit noch keine entsprechende Parserfunktion zur Verfügung steht, nicht auf effizienten C-Code abbilden kann, wird ein Kerneinsprung erzeugt. Dabei wird die Systemfunktion in der gleichen Weise angesprungen, wie es sonst durch den Evaluierer des MuPAD-Interpreters geschieht. Sie erwartet dabei, daß ihr die Funktionsargumente sowie zusätzliche Informationen über eine spezielle Aufrufstruktur (`DOM_EXPR`) übergeben werden. Während diese Struktur im Falle der Interpretation einer Prozedur durch die interne Repräsentation der CAS-Objekte in natürlicher Weise gegeben ist, muß sie innerhalb des vom CA-Compiler erzeugten C-Codes extra für den Einsprung generiert werden. Der Aufwand des Aufbaus dieser Struktur entspricht in etwa dem des Aufbaus einer Funktionsumgebung.[216]

Die Funktionsargumente werden dann durch die Systemfunktion selbst und in Abhängigkeit von ihrer Funktionalität vollständig, teilweise oder aber gar nicht evaluiert. Solange der CA-Compiler keine genauen Kenntnisse hierüber hat, darf er die Argumente vor dem Aufruf weder evaluieren noch simplifizieren, da er sonst die Semantik eines Ausdrucks verändern könnte. Man betrachte hierzu das folgende Beispiel:

[215] Vgl. [MuPAD] Seite 299.

[216] Vgl. hierzu Abbildung 6 auf Seite 43.

```
>> ff:= proc()
&> begin
&>     return( 1+2 );
&> end_proc:
>> ff();
                    3
>> gg:= proc()
&> begin
&>     return( hold(1+2) );
&> end_proc:
>> gg( );
                  1 + 2
```

Die Funktion `return`[217] evaluiert ihre Argumente und liefert sie dann als Funktionswert der Prozedur. In der Prozedur `ff` ist es gleichgültig, ob das Argument einfach oder mehrfach evaluiert wird, da das Ergebnis stets `3` sein wird. Der CA-Compiler könnte den Ausdruck `1+2` also in diesem Fall schon zum Zeitpunkt der Codeerzeugung zu `3` evaluieren und den Code damit optimieren. Betrachtet man dagegen die Prozedur `gg`, so ist es entscheidend, ob beim Aufruf der Systemfunktion `return` das Argument `hold(1+2)` einfach oder mehrfach evaluiert wird. Im ersteren Fall wird `1+2` geliefert, im letzteren Fall würde das Ergebnis auch hier `3` heißen. Das gleiche gilt für den Aufruf der Funktion `hold`.[218] Sie evaluiert ihre Argumente in keinem Fall, so daß auch der CA-Compiler den Ausdruck `1+2` hier nicht zu `3` optimieren darf.

Das Beispiel zeigt, daß die Behandlung der Funktionsargumente durch die Systemfunktionen unterschiedlich gehandhabt wird und der CA-Compiler die Argumente einer für ihn unbekannten Systemfunktion - für die keine Parserfunktion verfügbar ist - unter keinen Umständen vorevaluieren darf. Er würde sonst gegebenenfalls die Semantik der zu übersetzenden Funktion verändern.

Es bleibt festzuhalten, daß der Aufruf einer Systemfunktion aufgrund der Notwendigkeit zur Erstellung einer entsprechenden Aufrufstruktur relativ zeitaufwendig ist und im allgemeinen Fall auch nicht durch geschickte Vorevaluierung der Funktionsargumente optimiert werden darf. Dies macht es um so dringlicher, für die häufig verwendeten Systemfunktionen Parserfunktionen zu erstellen, die Code generieren, in dem auf einen Einsprung in die Systemfunktion verzichtet werden kann oder in dem die Argumente aufgrund der genauen Kenntnis der Funktionalität der Systemfunktion soweit wie möglich vorevaluiert werden.

[217]Vgl. [MuPAD] Seite 452.
[218]Vgl. [MuPAD] Seite 355.

7.4.4 Typisierte Variablen

Die CA-Sprache MuPAD-1.2.2 kennt keine Typisierung von Variablen. Hier kann jede Variable jederzeit beliebige Werte annehmen, wobei dieser Wert nicht unbedingt ein konstantes Objekt wie die Zahl 1 sein muß. Sie kann ebenso eine nicht-evaluierte Anweisung enthalten, die mit der Evaluierung der Variable ausgeführt wird und dabei gegebenenfalls einen Seiteneffekt auslöst.[219] Aus diesem Grund können in einer CA-Sprache wie MuPAD über Variablen viel weniger Annahmen getroffen werden als in Programmiersprachen wie `C` oder `Pascal`. Auch die statische Analyse des Kontextes, in dem eine Variable verwendet wird, sagt hier nur sehr wenig über ihren Typ aus. So darf der Compiler aus der Anweisung `a:= b + c` beispielsweise nicht schließen, daß es sich bei den Variablen `a`, `b` und `c` um Zahlwerte handelt. Ebenso könnten es Domainelemente[220] (z.B. Zeichenketten) sein, für die der Operator „+“ entsprechend überladen worden ist. Weiterhin muß berücksichtigt werden, daß einer Prozedur beliebige Argumente übergeben werden können und der CA-Compiler über deren Typ zunächst keine Annahmen treffen kann.

Mit Hilfe von Typinformationen könnte der CA-Compiler spezifischeren und damit effizienteren Code erzeugen. Dies gilt insbesondere im Bereich der numerischen Anwendungen. Zur Evaluation der Anweisung `a:= b + c` muß der Interpreter zur Laufzeit die Typen der Variablen `b` und `c` bestimmen und in Abhängigkeit dessen eine entsprechende Additionsmethode aufrufen. Stehen dem CA-Compiler diese Typinformationen zur Verfügung, dann hat er bereits die Möglichkeit, die entsprechenden Methoden auszuwählen, die er dann fest in den erzeugten Code einträgt.

Eine mögliche Hilfe ist die Einführung von typisierten Variablen. Dies kann entweder durch eine Erweiterung der CA-Sprache oder wiederum durch die Verwendung von Compiler-Anweisungen erreicht werden:

```
test:= proc(x)
local y;
begin
    type_of_vars( x,DOM_FLOAT, y,DOM_FLOAT );
    y:= sin( 42*x +666 );
    return( y )
end_proc:
```

Die Compiler-Anweisung kann dabei wieder aus einer Pseudo-Anweisung[221] oder

[219] Vgl. hierzu das Beispiel auf Seite 96.
[220] Vgl. hierzu Fußnote 199.
[221] Vgl. hierzu auch das Beispiel auf Seite 97.

hier auch aus einer echten Anweisung bestehen, die zugleich eine Typprüfung für die Prozedurargumente vornimmt. Die Anweisung `type_of_vars` zeigt dem Compiler hier an, daß die lokalen Variablen `x` und `y` reell sind. Damit hat er die Möglichkeit, nun auch die Konstanten 42 und 666 als relle Zahlen zu verwalten und für „*“ und „+“ direkt die entsprechenden Methoden der zugrunde liegenden Langzahlarithmetik[222] zu verwenden.

Um die Verarbeitung numerischer Probleme in Spezialfällen gezielt zu beschleunigen, bieten sich hier auch Typen mit Maschinengenauigkeit an. Zusätzlich sollte der Anwender die Möglichkeit haben, Blöcke zu definieren, in denen nicht die Langzahlarithmetik des CA-Systems, sondern die Methoden der *Maschinenarithmetik*[223] verwendet werden. Ohne die CA-Sprache erweitern zu müssen könnte dies zum Beispiel über eine Compiler-Anweisung der folgenden Art erreicht werden:

```
test:= proc(x)
local y, z;
begin
    use_machine_float( [x,y,z],  ### !!! ###
      ( y:= sin( 42*x +666 );
        z:= y / 4.0;
        z:= z + 13;
        global_table[x]:= z; )
    );
    return( z );
end_proc:
```

Hier müssen zunächst alle Variablen, die im Block `use_machine_float` auftreten, beim Eintritt sowie beim Verlassen des Blockes entsprechend transformiert werden. Um die Codeerzeugung effizienter zu gestalten und in diesem Block auch nicht-numerische Variablen sowie eine Mischung von Langzahl- und Maschinenarithmetik zu ermöglichen, können die Maschinenvariablen optional - wie hier durch den Parameter `[x,y,z]` geschehen - ausgezeichnet werden. Der Compiler kann in diesem Fall selbständig gegebenenfalls notwendige zusätzliche Transformationen innerhalb des Blockes einfügen. Der Anwender muß sich dabei bewußt sein, daß diese Blöcke nicht beliebig klein sein sollten. Eine Steigerung der Effizienz wird hier nur erreicht, wenn der Block genügend groß ist, so daß der Geschwindigkeitsvorteil der Maschinenarithmetik den Aufwand der Transformation zwischen CAS- und Maschinenobjekt rechtfertigt.

[222] Zur Zeit verwendet MuPAD das PARI-Paket. Vgl. hierzu auch Fußnote 16.

[223] Damit ist hier die auf den Grundtypen der Programmiersprache `C` (z.B. `long`, `double`) gegebene Arithmetik gemeint.

7.5 Das Einbetten von C-Code

Die vorgestellte Methode der Compiler-Anweisungen kann auch eingesetzt werden, um gezielt C-Code (*Inline-Code*) in eine durch den MuPAD-Compiler zu übersetzende Prozedur einzubinden. Die Prozedur selbst ist damit zwar nicht mehr sinnvoll ausführbar, diese Methode ermöglicht es dem Anwender aber, in einfacher Weise systemnahe Modulfunktionen zu erstellen, in denen er auch auf die Eigenschaften des zugrunde liegenden Betriebssystems zugreifen kann. Bei dieser Methode benötigt der Anwender nur rudimentäre Kenntnisse der Modul-Programmierung.

Das folgende Beispiel zeigt die Implementation einer Funktion `user`, in der mit Hilfe von Inline-Code der login-Name des Anwenders ermittelt und in Form eines MuPAD-Strings zurückgegeben wird:[224]

```
user:= proc()
begin
    INLINE_C(
    "{   char    *name, *getlogin();

         if( (name = getlogin()) == NULL ) {
             INLINE_C_RESULT = MMT_c2m_string("unknown");
         } else {
             INLINE_C_RESULT = MMT_c2m_string(name);
         }
    }" );
    return( INLINE_C_RESULT );
end_proc:
```

Der C-Code wird hier über die Compiler-Anweisung `INLINE_C` als Text (in Form eines MuPAD Strings) in die Prozedur eingebracht und durch den MuPAD-Compiler in den von ihm generierten C-Code eingebettet. Die Variable mit dem reservierten Namen `INLINE_C_RESULT` existiert als C-Variable und ebenfalls als MuPAD-Variable. Sie dient der Übergabe des im Inline-Code berechneten Funktionswertes. Die Anweisung `INLINE_C` selbst liefert zur Zeit keinen Wert.

Diese simple Form des Inline-Codes ist in der Basis-Implementation des MuPAD Compilers bereits realisiert, wobei als Inline-Code zur Zeit nur in {}-Klammer eingeschlossene C-Code-Segmente erlaubt sind. In zukünftigen Versionen soll die `INLINE_C`-Anweisung wie eine Funktion eingesetzt werden können, wobei sie Funktionsargumente erhält und einen echten Funktionswert liefert. Die Funktionsargumente werden dabei in der `INLINE_C`-Anweisung hinter dem C-Code

[224] Diese Funktion arbeitet nur unter dem Betriebssystem UNIX.

aufgelistet und vom Compiler in eine lokale Liste eingetragen. Im Inline-Code kann daraufhin über ein Makro der Form `INLINE_ARG(n)` auf das n-te Argument zugegriffen werden.

7.6 Bewertung und Ausblick

Die in Abschnitt 7.4 diskutierten Probleme sind lösbar und die Effizienz des vom MuPAD-Compiler erzeugten Codes läßt sich dabei, insbesondere durch das Ergänzen weiterer Parserfunktionen, steigern. Die größte Effizienzsteigerung darf im Bereich der numerischen Anwendungen erwartet werden. Hier kann dem MuPAD-Compiler mit Hilfe typisierter Variablen eine sehr effiziente Codeerzeugung ermöglicht werden, insbesondere dann, wenn er direkt auf die Maschinenarithmetik oder auf das in MuPAD verwendete Langzahlarithmetik-Paket *PARI*[225] zurückgreifen kann. In anderen Bereichen hängt die Effizienz stark von den entsprechenden Systemfunktionen und der Frage ab, ob ihr Aufruf gegebenenfalls vorevaluiert oder auf schnelle C-Konstrukte abgebildet werden kann. Muß beides verneint werden, so halten sich der Geschwindigkeitsvorteil der statischen Verkettung der Funktionsaufrufe in einer Modulfunktion und die damit wegfallende Interpretation von Anweisungssequenzen durch den MuPAD-Interpreter ungefähr die Waage mit dem Nachteil, daß der Aufruf einer nicht näher bekannten Systemfunktion aus einem Modul heraus relativ zeitaufwendig ist.

Optimierungsstufen: Ziel der weiteren Entwicklung des MuPAD-Compilers muß es sein, bessere Möglichkeiten der Codeoptimierung zu schaffen. Wie in Abschnitt 7.4 dargestellt wurde, ist dies für den allgemeinen Fall einer CA-Sprache wie MuPAD sehr schwer. Mehrstufige Evaluierungen, mögliche Seiteneffekte, nicht strikt lokale Variablen sowie auch selbstmodifizierender CAS-Code etc. stehen dabei im Wege. Daher sollten diese MuPAD-Eigenschaften in Klassen unterteilt und nach dem Schwierigkeitsgrad für einen CA-Compiler geordnet werden. Jede dieser Klassen repräsentiert dabei zugleich die Menge der mit Hilfe dieser Eigenschaften realisierbaren MuPAD-Funktionen sowie auch eine Optimierungsstufe des MuPAD-Compilers. Dieser darf mit zunehmender Einschränkung der Möglichkeiten der Klassen - also mit dem Erhöhen der Optimierungsstufe - mehr Annahmen über die zu analysierenden CAS-Objekte treffen und kann damit besseren und effizienteren Code erzeugen. Der Anwender soll hierbei die Möglichkeit haben, die zu übersetzenden Prozeduren über eine entsprechende Compiler-Anweisung jeweils einer Klasse (Optimierungsstufe) zuzuordnen.

[225] Vgl. hierzu auch Fußnote 16.

Eine sehr einfaches Beispiel einer Klassenbildung zu den hier diskutierten Eigenschaften der CA-Sprache MuPAD-1.2.2 wird in Abbildung 14 gegeben.

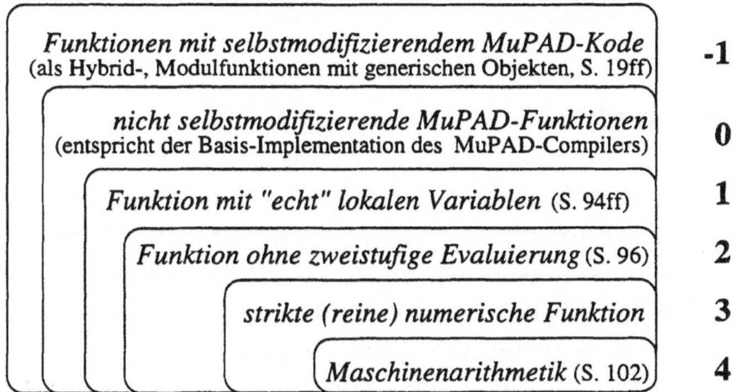

Abbildung 14: Klassen (Optimierungsstufen) für CA-Prozeduren

Inline-Code: Neben dem üblichen Einsatzgebiet eines CA-Compilers, der Laufzeitoptimierung, kann der MuPAD-Compiler aufgrund der Möglichkeit zur Einbettung von C *Inline-Code* auch zur Entwicklung und Implementation von betriebssystemnahen Modulfunktionen eingesetzt werden. Zwar wird der vom MuPAD-Compiler generierte Code nicht ganz die Effizienz erreichen, die eine von Hand erstellte Modulfunktion aufweist, dafür ist deren Implementation aufgrund der Möglichkeit des Mischens von MuPAD- und C-Anweisungen sehr flexibel und bequem. Auf diese Weise können auch komplexe Funktionen einfach realisiert und an kritischen Punkten gezielt optimiert werden.

Ausgabekonzept: Die Erfahrungen aus dieser Studie zeigen, daß die Anforderungen bei der Entwicklung eines Parsers für den MuPAD-Compiler sich stark mit denen an ein modulares und vom Anwender erweiterbares Ausgabekonzept überdecken. Auch in der Ausgabe wird die interne Repräsentation von MuPAD-Objekten in einen Text transformiert, wobei die Transformation durch den Anwender gesteuert werden kann. So hat er die Wahl zwischen einer ein- und zweidimensionalen Ausgabe oder einer Formatierung in `Fortran`, `C` oder `TeX` Code[226]. Der Anwender soll eigene Ausgabetypen ergänzen können. Dazu werden ihm Sprachkonstukte an die Hand gegeben, mit deren Hilfe er einfache Ausgabe- bzw. Parserfunktionen schreiben und an die entsprechenden Objekte

[226] Vgl. hierzu auch das library package **generate**

heften kann. Ein derartiges Konzept wird in der Arbeit [RAHI] entwickelt und implementiert. Es birgt die Möglichkeit einer einfachen und effizienten Neustrukturierung des Parsers eines MuPAD-Compilers sowie die einheitlichen Behandlung jeglicher Ausgabeformen in MuPAD.

8 Schlußwort

Die Implementation des Konzeptes der dynamischen Module für MuPAD-1.2.2 zeigt, daß dadurch die Flexibilität eines CA-Systems deutlich gesteigert wird.[227] Weiterhin zeigt die Leistungsbewertung in Abschnitt 4.6, daß die Modulfunktionen in ihrer Geschwindigkeit den Systemfunktionen sehr nahe kommen und sie die Effizienz eines CA-Systems deutlich steigern können.[228] Modul-Verdrängungsstrategien optimieren dabei die Speicherauslastung und generische Objekte bieten dem Anwender sehr flexible Möglichkeiten zur Erstellung eigener Modulfunktionen. Hierzu kann auch der MuPAD-Compiler mit der Möglichkeit zur Einbettung von Inline-Code herangezogen werden.

Wie bereits in der Einleitung erläutert wurde, muß die Entwicklung und die Fortentwicklung dieses Konzeptes auch vor dem Hintergrund gesehen werden, daß für den Anwender eines CA-Systems zunehmend die Möglichkeit an Bedeutung gewinnt, eigene sowie fremde - zum Beispiel im Internet frei verfügbare - Software-Pakete innerhalb des CA-Systems zu nutzen. In diesem Zusammenhang muß zudem berücksichtigt werden, daß der Entwicklungsaufwand für CA-Systeme und ihre Libraries aufgrund der Komplexität und der hohen Ansprüche an die Qualität und Geschwindigkeit der Algorithmen sehr groß ist. Auch aus diesem Grund erscheint es sinnvoll, in einem CA-System wie MuPAD Schnittstellen anzubieten, mit denen Fremdpakete integriert und somit die Erfahrungen anderer Entwickler (Spezialisten) genutzt werden können.

Auf MuPAD bezogen heißt dies, daß neben der Entwicklung eigener Module auch für etablierte und gegebenenfalls im Internet frei verfügbare CA-Software-Pakete geprüft wird, in wie fern sie sich zur Integration in das CA-System anbieten. Bei der Integration dieser Pakete soll auch der C-Code der Schnittstelle zwischen MuPAD und dem Fremdpaket freigegeben werden. Damit haben Anwender und externe Entwickler die Möglichkeit, auch selbständig die jeweils neueste Version eines CA-Paketes unter Verwendung des Modulgenerators in Form eines dynamischen Moduls in MuPAD zu integrieren.

Der angesprochenen Fortentwicklung der Einsatzgebiete von Computer Alge-

---

[227] Als ein Beispiel zur Erweiterung von MuPAD durch dynamische Module sei das Modul `slave` - vgl. Abschnitt A.2.4, Seite 133ff - genannt.

[228] Beispiele sind in Anhang A.1 zu finden.

brasystemen wird auch durch die Bereitstellung einer sogenannten C-caller Version von MuPAD Rechnung getragen. Damit kann MuPAD auch in Applikationen eingesetzt werden, die entsprechend ihrem Verwendungszweck eine eigene Benutzungsschnittstelle definieren. Neben einer textbasierten Kommunikation mit dem CA-Kern ist hierbei genau wie bei dynamischen Modulen ein direkter Zugriff auf interne Funktionen und Variablen des MuPAD Kerns möglich.

Die Weiterentwicklung des Konzeptes der dynamischen Module in zukünftigen MuPAD Releases wird zur Zeit wie folgt gesehen:

- Technische Verfeinerung der Implementation der C++ Modulverwaltung und Ausbau der C++ Toolbox. Dies wird im Rahmen des SFB 376 an der Uni-GH Paderborn geschehen, wobei im letzteren Fall insbesondere die Erfahrungen aus der Einbindung von Algorithmen anderer Teilprojekte[229] einfließen werden.
- Weitere Implementationen des Modulkonzeptes auf aktuellen UNIX Plattformen sowie für die populären Systeme Apple Macintosh PowerPC und Windows 95.
- Bereitstellung von Einbindungen (Modul-Quellcode) für Standardpakete die im Internet frei verfügbar sind - basierend auf den im SFB 376 gewonnenen Erfahrungen.
- Modularisierung und gezielte Optimierung des CA-Systems und seiner Algorithmen durch Implementation zeitkritischer Bibliotheksfunktionen als Modulfunktionen.

[229] So zum Beispiel parallele Algorithmen zur Polynomfaktorisierung sowie zur Suche komplexer Nullstellen.

A Anhang

A.1 Weitere Beispiele zur Modulprogrammierung

A.1.1 Berechnung von Drachenkurven

Eine Drachenkurve ist ein binäres Wort, das für jede natürliche Zahl n wie folgt rekursiv definiert ist: $DK_0 := 1$ und $DK_n := DK_{n-1}1\overline{DK_{n-1}}^R$. Die Drachenkurve DK_n hat die Länge $2^{n+1} - 1$, d.h. ihr Speicher- und Berechnungsaufwand wächst exponentiell.

Zur graphischen Darstellung einer Drachenkurve wird ein Stift mit konstanter Geschwindigkeit und in gerader Linie über eine Zeichenfläche geführt, während die Ziffern des Wortes von links nach rechts ausgewertet werden. Dabei wird beim Auftreten des Wertes 1 ein Richtungswechsel um 90° (bei 0 um −90°) vorgenommen. Abbildung 15 zeigt vier Beispiele für Drachenkurven:

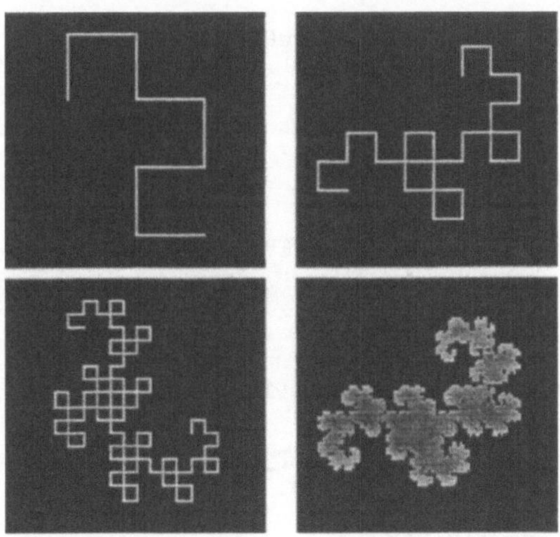

Abbildung 15: Die Drachenkurven $DK_2, DK_4, DK_6, DK_{12}$

Eine Drachenkurve wird hier als Liste über den booleschen Werten `TRUE` und `FALSE` berechnet. Zu ihrer graphischen Darstellung wird aus der Liste ein Polygonzug erstellt. In Tabelle 16 werden die Laufzeiten der Prozedur `dragonBF`[(a)] (S. 111) mit denen der Modulfunktion `dragonMF`[(b)] (S. 110) verglichen. Die angegebenen Laufzeiten wurden in MuPAD1.2.1 auf einer Sun Workstation (IPX, 32MB) unter dem Betriebssystem SunOS 4.1.3 ermittelt:

•	Die Zeiten wurden mit der Funktion time ermittelt ($^1/_{1000}$ Sek.)							
n	8	9	10	11	12	13	14	15	20
DK_n^a	420	1040	2830	9400	36200	143100	574200	$\gg$?	∞ ?
DK_n^b	10	20	40	80	170	290	590	1190	37970

Abbildung 16: Vergleich der Laufzeiten von **dragonBF** und **dragonMF**

Es wird deutlich, daß Drachenkurven, stellvertretend für viele schwere Probleme, in einer CA-Sprache wie MuPAD nicht immer so effizient berechnet werden können, wie es vom Anwender gewünscht ist bzw. gefordert werden muß. In diesem Fall ermöglicht erst die Implementation des Algorithmus als Modulfunktion die sinnvolle Berechnung des Problems.
Der folgende C-Quellcode zeigt die kanonische (aber noch nicht optimale) Implementation der Modulfunktion **dragonMF**:

```
#include "MMT_tool.c" /* Toolbox, MuPAD 1.2.1 - 1.2.9 */

MODUL_FUNC( dragonMF )
{  long       i, n, len;
   S_Pointer  dragon, x;

   MMT_init("dragonMF", MMT_NOP, MEVC_STAT_LIST);
   MMT_check_params(1L);
   MMT_check_param (1L, CAT_INT);

   n      = MMT_m2c_long(MMT_param(1L));
   dragon = MMT_new_cat_list(1L);
   MMT_sop(dragon, 0L, MMT_copy(MMT_true));
   while( n-- ) {
       len = MMT_count(dragon);
       MMMnewcounter(&dragon, 2*len+1);
       MMT_sop(dragon, len, MMT_copy(MMT_true));
       for(i = 1; i <= len; i++) {
           if( MMT_m2c_bool(MMT_gop(dragon,len-i)) ) x = MMT_false;
           else                                      x = MMT_true;
           MMT_sop(dragon, len+i, MMT_copy(x));
       }
   }
   MMT_sig( dragon );
   MMT_return( dragon );
}
```

Die Prozedur dragonBF stellt in MuPAD Release 1.2.1 eine gute, d.h. schnelle Implementation des Drachenkurvenalgorithmus dar:

```
dragonBF:= proc( n )
local dragon, i, tail;
begin
    dragon:= [TRUE];
    for n from n downto 1 do
        tail:= [];
        for i from nops(dragon) downto 1 do
            tail:= append( tail, not(dragon[i]) );
        end_for;
        dragon:= dragon.[TRUE].tail;
    end_for;
end_proc
```

Anmerkung: Die geringe Effizienz der Implementation als Prozedur hängt hier u.a. mit der automatischen Evaluierung aller Listenelemente bei jedem Listenzugriff zusammen. Die Möglichkeit vorsorglicher Speicherreservierungen, schnelle Listenzugriffe sowie der Wegfall der Prozedurinterpretation sind entscheidende Vorteile einer Implementation als Modulfunktion.

A.1.2 Modulfunktion mit generischen Objekten

Der folgende Modul-Quellcode definiert eine Modulfunktion inc, die eine ganze Zahl um den Wert "1" inkrementiert. Dabei wird die Konstante "1" als generisches Objekt verwaltet. Die Modulfunktion mit dem reservierten Namen initmod[230] wird als Initialisierungsfunktion beim Laden des Moduls automatisch ausgeführt. Der C-Code wird in der Datei "gentest.c" gespeichert:

```
#include "MMT_tool.c"

MODUL_FUNC( initmod )
{   MMT_init( "initmod", MMT_NOP, MEVC_NULL );
    MMT_printf(
        "   Beispiel-Modul mit generischen Objekten.\n\n"
    );
    MMT_return( MMT_copy(MMT_null) )
}
```

[230]Vgl. hierzu auch Seite 49.

```
MODUL_FUNC( inc )
{   S_Pointer    value, addit;

    MMT_init( "inc", MMT_NOP, MEVC_INT );
    MMT_check_params(1);
    MMT_check_param (1, CAT_INT);
    value = MMT_param(1);

    MDM_init_generics(&exec);
    addit = MDM_get_generic(exec, 1, 0);

    MMT_return( MMT_add(value,addit) )
}
```

Zu diesem Modul gehört auch die folgende Textdatei „gentest.mdg", in der die generischen Objekte dieses Moduls definiert werden. Dabei leitet das Zeichen "#" eine Kommentarzeile ein, und unter dem Tabellenindex "inc" ist das generische Objekt **1** der Modulfunktion `inc` eingetragen:

```
### Hier werden die generischen Objekte des ###
### Moduls 'gentest' definiert.             ###
table( "inc" = [ 1 ]
):
```

Mit dem Modulgenerator wird nun ein ladbares MuPAD-Modul erstellt:

```
andi> mmg -v gentest -j fast
MMG  -- MuPAD-Module-Generator --  V-1.21 Sep.94
mmg: Scanning source "gentest.c"
mmg: User defined function 'initmod'
mmg: 1(+2) function(s) found
mmg: Adding MuPAD module management
acc -PIC -c MMGout.c -o MMGout.o
    -I/user/cube/MUPAD/FTP-1.2.1/share/mmg/include/kernel
    -I/user/cube/MUPAD/FTP-1.2.1/share/mmg/include/pari
    -I/user/cube/MUPAD/FTP-1.2.1/share/mmg/include/mmt
ld  -assert pure-text MMGout.o -o gentest.mdm
```

Zum Laden und Ausführen des Moduls muß sich die Datei „gentest.mdg" im selben Verzeichnis befinden wie die Modul-Datei „gentest.mdm". Das folgende Beispiel zeigt nun, wie das Modul geladen und angewendet wird. An der Ausgabe „`Beispiel-Modul mit generischen Objekten.`" wird dabei die automatische Ausführung der Modul-Initialisierungsfunktion `initmod` sichtbar:

```
>> module("gentest"):
   Beispiel-Modul mit generischen Objekten.

>> info(gentest);
   Module: 'gentest' created on 07.Okt.94 by mmg-V1.21
   Info  : dynamic module
                              Interface:
                             gentest::inc
>> gentest::inc( 33 );
                                  34
```

Nun wird eine weitere Funktionsumgebung erzeugt, in der das generische Objekt "1" durch "-1" substituiert wird.[231] Die so gewonnene Instanz dec der Modulfunktion gentest::inc dekrementiert eine ihr übergebene ganze Zahl:

```
>> dec:= subsop( gentest::inc, [1,5]=-1 ):
>> gentest::inc( 33 ), dec( 33 );
                                34, 32
```

A.1.3 Eine schnelle Sinusfunktion

Im Bereich der numerischen Anwendung werden manchmal trigonometrische Funktionen benötigt, die sehr schnell sein müssen, bei denen die Maschinengenauigkeit von 10-20 Stellen aber ausreicht. So trifft dies zum Beispiel für die meisten Anwendungen im Bereich der MuPAD-Graphik zu. Das folgende Beispiel zeigt die Implementation einer schnellen Sinusfunktion, die mit der durch die Maschine gegebenen Genauigkeit rechnet:

```
#include "MMT_tool.c"

MODUL_FUNC( c_sin )
{   double    val;

    MMT_init( "c_sin", MMT_NOP, MEVC_FLOAT );
    MMT_check_params( 1L );
    if( MMT_cat(MMT_param(1L)) != CAT_FLOAT ) {
        MMT_return( MMT_copy(s) );
    }
    val = sin( MMT_m2c_double(MMT_param(1L)) );
    MMT_return( MMT_c2m_double(val) )
}
```

[231] Vgl. Seite 47f, insbesondere Abbildung 7 und [MuPAD] Abschnitt 2.3.16, Seite 52ff.

Beim Erzeugen des Moduls muß eine mathematische C-Library eingebunden werden. In diesem Beispiel wird unter dem Betriebssystem SunOS-4.1.3 die von Sun veröffentlichte und im Internet frei verfügbare *shared library* `libfdm.so`[232] verwendet:

```
andi> mmg -v cmath -L$MuPAD_ROOT_PATH/sun4/modules -lfdm
MMG  -- MuPAD-Module-Generator --  V-1.21 Sep.94
mmg: Scanning source "cmath.c"
mmg: 1(+1) function(s) found
mmg: Adding MuPAD module management
acc -PIC -c MMGout.c -o MMGout.o
     -I/user/cube/MUPAD/FTP-1.2.1/share/mmg/include/kernel
     -I/user/cube/MUPAD/FTP-1.2.1/share/mmg/include/pari
     -I/user/cube/MUPAD/FTP-1.2.1/share/mmg/include/mmt
ld   -assert pure-text MMGout.o -o cmath.mdm
     -L/user/cube/MUPAD/FTP-1.2.1/sun4/modules -lfdm
```

Das folgende Beispiel zeigt, daß die neue Funktion `c_sin` mit einer Genauigkeit von 13 Stellen arbeitet und ca. 7 mal schneller ist als die in MuPAD Release 1.2.1 eingebaute, beliebig genau rechnende Systemfunktion `sin`:

```
>> export( module("cmath") ):
>> DIGITS:= 30:
>> sin(12.2) - c_sin(12.2);

                 - 1.35040343689349179429071093802e-14

>> DIGITS:= 13:
>> time( (for i from 1 to 1000 do   sin(12.2) end_for) );

                                4020

>> time( (for i from 1 to 1000 do c_sin(12.2) end_for) );

                                 550
>> float(4020/550);

                           7.309090909091
```

[232]Informationen gibt es per email an `fdlibm-comments@sunpro.eng.sun.com`.

A.1.4 Textbasierte Interprozeßkommunikation

Ein einfaches Beispiel eines dynamischen Moduls zur textbasierten Interprozeßkommunikation wird in Abschnitt A.2.4 mit dem Modul `slave` gegeben.[233] Es ermöglicht das Starten eines Programms[234] (tool) mittels `open` sowie ein Terminieren desselben durch `close`. Zur Kommunikation werden die Funktionen `put` (Senden), `data` (Länge der vom tool gesendeten Daten) und `get` (Empfangen) bereitgestellt:

```
>> export(module(slave)):
>> parrot:= open("/bin/cat -u"):
>> put(parrot,"Hello"):
>> data(parrot);
                                  5
>> get(parrot);
                               "Hello"
>> put(parrot,"Hello"):
>> if timeout(parrot,5) then "Parrot starved to death"
&>                      else get(parrot);
&> end_if;
                               "Hello"
>> close(parrot):
```

Die Funktion `timeout` erlaubt zudem eine zeitgesteuerte Kommunikation. Zum Zugriff auf Internet-Informationsdienste wie z.B. `ftp`, `gopher` oder `http` wird die Modulfunktion `fetch` zur Verfügung gestellt. So können mit der folgenden Funktion zum Beispiel sehr einfach die letzten MuPAD News gelesen werden:

```
>> News:= fun( print( Unquoted, external("fetch","slave")
&>        ("math-www.uni-paderborn.de",80,"GET /MuPAD/news\n")() )):
>> News();

    ##################################################################
    ## News -- 14.08.1996 -- MuPAD-Distribution@uni-paderborn.de ##
    ##################################################################
    Current Release: 1.2.2a - math-ftp.uni-paderborn.de/MuPAD/
    Beta    Release: 1.2.9  - math-ftp.uni-paderborn.de/MuPAD/beta/
    Next    Release: 1.2.9a - After Beta Contest, planned for Sep.
    More News+Infos: http://math-www.uni-paderborn.de/MuPAD/
```

[233] Auf die Angabe des C-Codes wird aus Gründen des Umfangs verzichtet.

[234] Dieses Programm sollte eine ungepufferte Ausgabe verwenden.

A.2 Kurzbeschreibungen

A.2.1 Die Systemfunktionen der Modulverwaltung

Funktion:
loadmod — **Laden eines Moduls**

Aufruf:
loadmod(string)

Parameter:
string – Zeichenkette

Zusammenfassung:
loadmod lädt das Modul `string` und definiert - analog zum Laden einer MuPAD Library durch die Funktion `loadlib` - ein gleichnamiges Moduldomain, das die Funktionsbezeichner der Modulfunktionen enthält. War der durch `string` gegebene Bezeichner bereits definiert, so wird ihm ein neuer Wert zugewiesen und eine Warnung ausgegeben. loadmod ist eine Funktion des Systemkerns und liefert als Rückgabewert das neu erstellte Moduldomain.

Falls `string` kein statisch gebundenes Pseudomodul ist, so wird die Moduldatei `string`.*mdm* zunächst in den durch die Variable `READ_PATH` definierten Verzeichnissen, dann im aktuellen und schließlich im MuPAD-Modulverzeichnis gesucht. Kann das Modul nicht geladen werden, so wird die laufende Berechnung mit einer Fehlermeldung abgebrochen.

Wenn zu dem Modul die Datei `string`.*mdg* existiert, so enthält sie MuPAD-Objekte, die ebenfalls geladen und an die Funktionsumgebungen der Modulfunktionen gebunden werden. Tritt beim Laden dieser Objekte ein Fehler auf, so erfolgt eine Warnung, und MuPAD versucht bei jedem Aufruf einer hiervon betroffenen Modulfunktion erneut die Objekte zu laden.

Bei jedem weiteren Aufruf von loadmod wird der Maschinencode des Moduls nur dann neu geladen, wenn er zuvor automatisch verdrängt oder vom Anwender mit der Systemfunktion `unloadmod` aus dem Speicher entfernt worden ist. Das Moduldomain wird jedoch bei jedem erfolgreichen Aufruf erneut definiert, wobei auch die Objekte der Datei `string`.*mdg* gegebenenfalls erneut geladen und an die Modulfunktionen gebunden werden.

Neben der eigentlichen Moduldatei `string`.*mdm* existiert möglicherweise eine Textdatei `string`.*mdh*. Diese enthält dann eine formatierte Kurzbeschreibung des Moduls, auf die über die Library-Funktion `module::help` zugegriffen werden kann.

Beispiel:

```
>> loadmod("stdmod");
                    stdmod
```

Siehe auch:

export, external, info, unloadmod, READ_PATH

Funktion:

unloadmod — **Ausladen eines Moduls**

Aufruf:

unloadmod(string)
unloadmod( )

Parameter:

string – Zeichenkette

Zusammenfassung:

unloadmod entfernt den Maschinencode des gegebenen Moduls `string` aus dem Arbeitsspeicher. Wird diese Funktion ohne Argument aufgerufen, so versucht MuPAD alle Module auszuladen. Dabei werden die durch `loadmod` oder `external` definierten Bezeichner jedoch nicht verändert und behalten auch weiterhin ihre Gültigkeit. unloadmod ist eine Funktion des Systemkerns und liefert als Rückgabewert `DOM_NULL`.

Bei Aufruf einer Modulfunktion über die obengenannten Bezeichner wird der entsprechende Modulcode vom Modulmanager automatisch wieder in den Arbeitsspeicher geladen. Dabei werden, im Gegensatz zur Funktion `loadmod`, jedoch keine globalen Bezeichner definiert.

Tritt beim Ausladen ein Systemfehler auf, so bricht unloadmod die laufende Berechnung mit einer Fehlermeldung ab. Ein Fehlerabbruch erfolgt ebenfalls, wenn versucht wird, ein als statisch definiertes Modul auszuladen.

Beispiel:

```
>> loadmod("stdmod"): unloadmod(): stdmod::date();
                    "Fri Jun 17 13:06:54 1994"
```

Siehe auch:

external, loadmod

Funktion:
external — **Funktionsumgebung einer Modulfunktion**

Aufruf:
external(fstring, mstring)

Parameter:
fstring - Zeichenkette
mstring - Zeichenkette

Zusammenfassung:
external liefert die Funktionsumgebung (`DOM_FUNC_ENV`) zu der Modulfunktion `fstring` des Moduls `mstring`. Die benannte Modulfunktion kann hierüber ausgeführt werden, ohne daß das Modul dazu vom Anwender explizit geladen werden muß. Der MuPAD-Modulmanager lädt den Modulcode im Bedarfsfall stets automatisch, wobei im Gegensatz zur Funktion `loadmod` keine globalen Bezeichner definiert werden. external ist eine Funktion des Systemkerns.

Wenn zu dem Modul die Datei `mstring`.*mdg* existiert, so enthält sie MuPAD-Objekte, die nun geladen und an die Funktionsumgebung gebunden werden. Tritt beim Laden dieser Objekte ein Fehler auf, so erfolgt eine Warnung, und MuPAD versucht bei jedem Aufruf dieser Modulfunktion, die Objekte erneut zu laden.

Beispiel:

```
>> modfunc:= external("date","stdmod")();  modfunc();
                                 date
                    "Fri Jun 17 13:55:18 1994"
```

Siehe auch:
loadmod, unloadmod, READ_PATH

Anmerkung:

Alle weiteren Funktionen zur Modulverwaltung werden dem Anwender konsequenterweise durch Modul- und Bibliotheksfunktionen zur Verfügung gestellt. Näheres ist der folgenden Beschreibung des Packages `module` und des Moduls `stdmod` (S. 126) zu entnehmen. `module` dient dabei als Benutzungsschittstelle zum Modul `stdmod`.

Ein weiteres Standardmodul in MuPAD-1.2.1 ist das Modul `slave` (S. 133). Es stellt die grundlegenden Funktionen zum Aufbau einer Interprozeßkommunikation zur Verfügung und ermöglicht außerdem auch den Zugriff auf *Internet*-Informationsdienste. Letzteres wird durch die Modulfunktion `fetch`, einer einfachen Implementation eines *telnet*[235]-Klienten, erreicht.[236]

Durch minimale Erweiterungen des Moduls `slave` und der Implementation einer kleinen C-Toolbox, könnte in MuPAD auch eine zu *MathLink*[237] vergleichbare strukturierte Interprozeßkommunikation aufgebaut werden. Mit der Modulfunktion `fetch` ergibt sich zudem die Möglichkeit, experimentelle MuPAD-Packages zunächst auf einem MuPAD-Server (ftp,http) anzubieten. Der Anwender könnte sie dann über ein spezielles MuPAD-Kommando (statt `loadlib` nun z.B. `loadinternetlib`) über das Internet von einem MuPAD-Server laden und testen.[236]

A.2.2 Kurzbeschreibung der Library „module"

```
LIBRARY:
   module - Library zur Modulverwaltung

BESCHREIBUNG:
In dieser Library sind die Funktionen zur Modulverwaltung zusammen-
gefasst. Dazu gehoert das Ein- / Ausladen von Modulen,  der Zugriff
auf die Modulfunktionen, das Steuern der Modulverdraengung und eine
alternative Hilfefunktion.   Die Funktionen dieser Library greifen
dabei auf die Modulfunktionen des Moduls 'stdmod' zurueck.

INHALT:
age, func, help, load, max, new, stat, unload, which

=================================================================

FUNKTION:
age - Steuerung des module-aging

AUFRUF:
age( );
```

[235]TELNET ist ein TCP/IP-basiertes Standard-Protokoll zur Kommunikation und zum Datenaustausch im Internet. Über dieses Protokoll können zum Beispiel auch *ftp*-, *gopher*- und *http*-Server abgefragt werden.

[236]Vgl. hierzu auch die Demo der MuPAD-Distribution 1.2.1.

[237]Vgl. hierzu Seite 13.

age(maxage);
age(maxage, interval)

PARAMETER:
maxage - Ganze Zahl im Bereich [0..3600]
interval - Ganze Zahl im Bereich [1..60]

BESCHREIBUNG:
Beim module-aging werden die Module automatisch ausgeladen,wenn sie ein definiertes Hoechstalter ueberschreiten.Dieses wird in Sekunden seit der letzten Aktivierung (Laden,Aufruf einer Modulfunktion) gemessen.

Diese Funktion (de-)aktiviert das module-aging.Die Funktion liefert stets das aktuelle Hoechstalter fuer Module. Wird fuer 'maxage' ein Wert groesser Null (0) gegeben, so wird das Hoechstalter auf diesen gesetzt und das aging damit aktiviert. 'interval' definiert dabei die Mindestzeit (in Sekunden) zwischen den Aufrufen des aging-Algorithmus. Wird fuer 'maxage' der Wert Null (0) angegeben,so wird das aging deaktiviert. Diese Funktion verwendet dazu die Modulfunktion 'stdmod::age'.

BEISPIELE:
Call #1: module::age(30);
30

SIEHE AUCH:
module::max, module::stat, stdmod::age

===

FUNKTION:
func - Liefert die Funktionsumgebung einer Modulfunktion

AUFRUF:
func(function, module)

PARAMETER:
function - Zeichenkette, freier Bezeichner oder Funktionsumgebung
module - Zeichenkette, freier Bezeichner oder Moduldomain

BESCHREIBUNG:
Liefert die Funktionsumgebung der Modulfunktion 'function' aus dem Modul 'module'. Diese Funktion verwendet die MuPAD Systemfunktion

```
'external'.

BEISPIELE:
Call #1:  module::func( "date", stdmod )();
                    "Mon Aug 22 11:55:41 1994"
SIEHE AUCH:
external

====================================================================

FUNKTION:
help - Alternative Hilfefunktion

AUFRUF:
help( module )
help( function, module )

PARAMETER:
function - Zeichenkette, freier Bezeichner oder Funktionsumgebung
module   - Zeichenkette, freier Bezeichner oder Moduldomain

BESCHREIBUNG:
Diese Funktion gibt die Beschreibung des Moduls  'module'  bzw. der
Modulfunktion 'function' aus.  Wurde keine Hilfedatei  'module'.mdh
gefunden, so liefert die Funktion eine Fehlermeldung.Hier wird der-
selbe Suchmechanismus  verwendet  wie fuer die Module.  Zusaetzlich
wird noch in dem MuPAD-Hilfeverzeichnis gesucht.Diese Funktion ver-
wendet die Modulfunktion 'stdmod::help'.

BEISPIELE:
Call #1:  module::help("muff");
          Error: No information available [module::help]
Call #2:  module::help(stdmod);
          MODUL:
             stdmod - MuPAD Standardmodul
             [...]

SIEHE AUCH:
module::which, stdmod::help

====================================================================

FUNKTION:
```

load - Laden eines Moduls

AUFRUF:
load(module)

PARAMETER:
module - Zeichenkette, freier Bezeichner oder Moduldomain

BESCHREIBUNG:
Die Funktion laedt das Modul 'module' und definiert dabei - analog zum Laden eines Moduls mit der Funktion loadlib - ein gleichnamiges Moduldomain, das die Funktionsbezeichner der Modulfunktionen enthaelt. War der Bezeichner 'module' bereits definiert, so wird ihm ein neuer Wert zugewiesen und eine Warnung ausgegeben.

Modulnamen werden grundsaetzlich ohne Pfad und Suffix angegeben.Die Pfade und die Suchreihenfolge koennen ueber die Variable READ_PATH geaendert werden. Diese Funktion verwendet dazu die Systemfunktion 'loadmod'.

BEISPIELE:
```
Call #1:  module::load( stdmod );
          stdmod
```

SIEHE AUCH:
loadmod, module::unload

==

FUNKTION:
max - Begrenzen der Anzahl gleichzeitig ladbarer Module

AUFRUF:
max( )
max(number)

PARAMETER:
number - Ganze Zahl im Bereich [max{0,geladene_module}..256]

BESCHREIBUNG:
Die Funktion liefert die maximale Anzahl der gleichzeitig ladbaren Module. Ist fuer 'number' ein gueltiger Wert gegeben, dann wird die maximale Anzahl zunaechst auf diesen Wert gesetzt. Ist die maximale

Anzahl erreicht, so verdraengt jedes neu geladene Modul ein altes nach der Methode "least recently used". Diese Funktion verwendet die Modulfunktion 'stdmod::max'.

BEISPIELE:
```
Call #1:  module::max( 32 );
          32
```

SIEHE AUCH:
module::age, module::max, module::stat, stdmod::max

==

FUNKTION:
new - Laedt Modul oder liefert Modulfunktionsumgebung

AUFRUF:
```
module::new( module )
module::new( function, module )

module( module )
module( function, module )
```

PARAMETER:
```
function  - Zeichenkette, freier Bezeichner oder Funktionsumgebung
module    - Zeichenkette, freier Bezeichner oder Moduldomain
```

BESCHREIBUNG:
Wird die Funktion mit einem Argument aufgerufen, so wird dieses als Modulname interpretiert und das genannte Modul ueber die Funktion 'module::load' geladen. Werden zwei Argument angegeben, so wird das erste als Funktionsname und das zweite als Modulname interpretiert. Die Funktionsumgebung der genannten Modulfunktion wird dann ueber die Funktion 'module::func' bestimmt und zurueckgegeben. In dem folgenden Beispiel wird jeweils die Kurzschreibweise der Library-Funktion 'module::new' verwendet.

BEISPIELE:
```
Call #1:  module( stdmod );
          stdmod

Call #2:  module( date, stdmod )();
          "Mon Aug 22 11:55:41 1994"
```

SIEHE AUCH:
external, module::func, module::load

==

FUNKTION:
stat - Zeigt den Zustand der Modulverwaltung

AUFRUF:
stat( )

PARAMETER:
-

BESCHREIBUNG:
Gibt den aktuellen Status der Modulverwaltung aus. Diese Funktion verwendet die Modulfunktion 'stdmod::stat'.

BEISPIELE:

```
Call #1: module::stat():
         [...]
```

SIEHE AUCH:
module::age, module::max, stdmod::stat

==

FUNKTION:
unload - Ausladen von Modulen (Modulkode)

AUFRUF:
unload( )
unload(module)

PARAMETER:
module - Zeichenkette, freier Bezeichner oder Moduldomain

BESCHREIBUNG:
Die Funktion laedt das Modul 'module' aus dem Arbeitsspeicher. Wird die Funktion ohne ein Argument aufgerufen, so versucht MuPAD alle Module auszuladen.Dabei wird nur der Maschinenkode aus dem Speicher entfernt. Gegebenenfalls definierte Moduldomains und Bezeichner zu

Modulfunktionen bleiben als gueltige Objekte erhalten. Werden sie im folgenden zum Aufruf einer Modulfunktion verwendet, so laedt der Modulmanager den Maschinenkode automatisch wieder in den Speicher. Diese Funktion verwendet die Systemfunktion 'unloadmod'.

BEISPIELE:
```
Call #1:  module::unload( stdmod );
```

SIEHE AUCH:
module::load, unloadmod

==

FUNKTION:
which - Auffinden eines Moduls im Dateisystem

AUFRUF:
which(module)

PARAMETER:
module - Zeichenkette, freier Bezeichner oder Moduldomain

BESCHREIBUNG:
Liefert den vollen Pfad des Modul 'module' oder FAIL,falls es nicht gefunden wurde. Dabei wird die Datei erst in den durch die Variable READ_PATH gegebenen Verzeichnissen,dann im aktuellen und zuletzt im MuPAD-Modulverzeichnis gesucht. Diese Reihenfolge wird ebenfalls beim Laden der Module, sowie bei der Suche nach Modul-Hilfedateien befolgt.
Eine Ausnahme bilden hier nur die Pseudomodule.Fuer sie wird grundsaetzlich das MuPAD-Modulverzeichnis zurueckgegeben.

BEISPIELE:
```
Call #1:  module::which( stdmod );
          "/usr/local/MuPAD/sun4/modules/stdmod.mdm"
Call #2:  module::which( "muff" );
          FAIL
```

SIEHE AUCH:
module::help, module::load, stdmod::which

A.2.3 Kurzbeschreibung des Moduls „stdmod“

```
MODUL:
stdmod - MuPAD Standardmodul

BESCHREIBUNG:
Das Modul enthaelt Funktionen zur Modulverwaltung sowie eine alter-
native Hilfefunktion und weitere nuetzliche Utilities.

INHALT:
age, date, delay, exec, help, max, stat, strstr, strxch

====================================================================

FUNKTION:
age - Steuerung des module-aging

AUFRUF:
age( );
age( maxage );
age( maxage, interval )

PARAMETER:
maxage   - Ganze Zahl im Bereich [0..3600]
interval - Ganze Zahl im Bereich [1..60]

BESCHREIBUNG:
Beim module-aging werden die Module automatisch ausgeladen,wenn sie
ein definiertes Hoechstalter ueberschreiten.Dieses wird in Sekunden
seit der letzten Aktivierung (Laden,Aufruf einer Modulfunktion) ge-
messen.

Diese Funktion (de-)aktiviert das module-aging.Die Funktion liefert
stets das aktuelle Hoechstalter fuer Module. Wird fuer 'maxage' ein
Wert groesser null (0) gegeben, so wird das Hoechstalter auf diesen
gesetzt und das aging damit aktiviert.  'interval' definiert dabei
die Mindestzeit (in Sekunden) zwischen den Aufrufen des aging-Algo-
rithmus. Wird fuer 'maxage' der Wert null (0) angegeben,so wird das
aging deaktiviert.

BEISPIELE:
Call #1:  stdmod::age(30);
          30
```

SIEHE AUCH:
stdmod::max, stdmod::stat, module::age

===

FUNKTION:
date - Ermitteln des aktuellen Datums

AUFRUF:
date( )

PARAMETER:
-

BESCHREIBUNG:
Liefert das aktuelle Datum als String.Das Format entspricht dem der ANSI-C Funktionen ctime/asctime, wobei das '\n' am Ende des Strings entfernt wurde.

BEISPIELE:
```
Call #1:  stdmod::date();
          "Mon Aug 22 11:55:41 1994"
```

SIEHE AUCH:
stdmod::delay

===

FUNKTION:
delay - Pausenfunktion

AUFRUF:
delay(sec)

PARAMETER:
sec - Ganze Zahl im Bereich [0..60]

BESCHREIBUNG:
Die Funktion bewirkt eine Pause von 'sec' Sekunden, die durch ein "busy waiting" realisiert wird. Die Funktion liefert DOM_NULL.

BEISPIELE:
```
Call #1:  stdmod::date(); stdmod::delay(5); stdmod::date();
```

```
         "Mon Aug 22 11:59:29 1994"
         "Mon Aug 22 11:59:34 1994"
```

SIEHE AUCH:
stdmod::date

==

FUNKTION:
exec - Aufruf eines Betriebssystemkommandos

AUFRUF:
exec(command)

PARAMETER:
command - Zeichenkette

BESCHREIBUNG:
Diese Funktion ruft das gegebene (UNIX-) Kommando 'command' auf und liefert dessen Standardausgabe als String zurueck.Auf Systemen, die einen solchen Mechanismus nicht unterstuetzen, liefert die Funktion der Wert FAIL.

BEISPIELE:

```
Call #1:  stdmod::exec("date");
          "Mon Aug 22 12:56:25 MET DST 1994"
```

SIEHE AUCH:
slave

==

FUNKTION:
help - Alternative Hilfefunktion

AUFRUF:
help(module)
help(function, module)

PARAMETER:
function - Zeichenkette
module   - Zeichenkette

```
BESCHREIBUNG:
Die Funktion liefert die Beschreibung  des Moduls 'module' bzw. der
Modulfunktion 'function' als String.  Wurde keine Modul-Hilfedatei
'module'.mdh gefunden, so liefert die Funktion FAIL.Dabei wird der-
selbe Suchmechanismus  verwendet  wie fuer die Module.  Zusaetzlich
wird noch in dem MuPAD-Hilfeverzeichnis gesucht.Diese Funktion wird
von der Library-Funktion 'module::help' verwendet, die als Ausgabe-
funktion dient.

BEISPIELE:
Call #1:  stdmod::help("muff");
          FAIL
Call #2:  stdmod::help("stdmod");
          [...]

SIEHE AUCH:
stdmod::which, module::help

===================================================================

FUNKTION:
max - Begrenzen der Anzahl gleichzeitig ladbarer Module

AUFRUF:
max( )
max( number )

PARAMETER:
number - Ganze Zahl im Bereich [ max{0,geladene_module}..256 ]

BESCHREIBUNG:
Die Funktion liefert die maximale Anzahl  der gleichzeitig ladbaren
Module. Ist fuer 'number' ein gueltiger Wert gegeben, dann wird die
maximale Anzahl zunaechst auf diesen Wert gesetzt. Ist die maximale
Anzahl erreicht,  so verdraengt jedes neu geladene  Modul ein altes
nach der Methode "least recently used".

BEISPIELE:
Call #1:  stdmod::max( 32 );
          32

SIEHE AUCH:
stdmod::age, stdmod::stat, module::max
```

```
==================================================================

FUNKTION:
stat - Liefert den Zustand der Modulverwaltung

AUFRUF:
stat( )

PARAMETER:
-

BESCHREIBUNG:
Liefert den Status der Modulverwaltung in Form einer Tabelle. Diese
Funktion wird von der Library-Funktion 'module::stat' verwendet,die
den Status in einer lesbaren Form praesentiert. Die Tabelle hat das
folgende Format, wobei die mit (*) gekennzeichneten Werte eine rein
technische Bedeutung haben:

table( "mupad" = [ 'Anzahl der verwalteten Kernobjekte',    (*)
                   'Laenge der Objektverwaltungstabelle',   (*)
                   'Ausladen von dynamischen Modulen moeglich ?' ]
       "mpath" = 'Das MuPAD Modulverzeichnis',
       "psmod" = 'Menge der verfuegbaren Pseudomodule',
       "aging" = [ 'Hoechstalter fuer Module',
                   'aging-Intervall',
                   'Aeltestes Modul (verdraengen,LRU)' ]
       "modul" = [ 'derzeit aktive Module (im Aufruf)',
                   'derzeit geladene Module',
                   'maximal gleichzeitig ladbare Module' ]
       "entry" = table( 'Modulname' = [
                           'Alter des Moduls',
                           'Anzahl aktiver Funktionen', (*)
                           'Anzahl der Funktionen',
                           'Menge der Attribute' ],
                            ...
                  )
)

BEISPIELE:
Call #1:  s:= stdmod::stat();
          [...]
```

```
SIEHE AUCH:
stdmod::age, stdmod::max, module::stat

=================================================================

FUNKTION:
strstr - Auffinden eines Teilstrings

AUFRUF:
strstr( string, pattern )
strstr( string, pattern, option )

PARAMETER:
string  - Zeichenkette
pattern - Zeichenkette
option  - Ganze Zahl

BESCHREIBUNG:
Wurde fuer 'option' kein Wert gegeben,  so liefert die Funktion die
Position des ersten Auftretens des Teilstrings 'pattern'  im String
'string' oder den Wert -1, falls er nicht gefunden wurde.  'option'
hat folgende Bedeutung:
    i=0: liefert die Anzahl (n) des Auftretens
    i>0: liefert die Position des    i -ten Auftretens
    i<0: liefert die Position des (n-i)-ten Auftretens

BEISPIELE:
Call #1:  stdmod::strstr("aaaa","aa",0);
          2
Call #2:  stdmod::strstr("aaa","aa",0);
          1
Call #3:  stdmod::strstr("0123a567a9","a",-2);
          4
Call #4:  stdmod::strstr("aaaaa","aa",-1);
          2

SIEHE AUCH:
stdmod::strxch

=================================================================

FUNKTION:
strxch - Stringsubstitution
```

```
AUFRUF:
strxch( string, from, to )

PARAMETER:
string  - Zeichenkette
from    - Zeichenkette
to      - Zeichenkette

BESCHREIBUNG:
Liefert eine Kopie des Strings 'string', in dem jedes Auftreten von
'from' (von links her) durch 'to' ersetzt wurde.

BEISPIELE:
Call #1:  stdmod::strxch( "aaa", "aa", "bbbb" );
          "bbbba"
Call #2:  stdmod::strxch( "aaa", "aa", "" );
          "a"

SIEHE AUCH:
stdmod::strstr

=================================================================

FUNKTION:
which - Auffinden eines Moduls im Dateisystem

AUFRUF:
which( module )

PARAMETER:
module - Zeichenkette

BESCHREIBUNG:
Liefert den vollen Pfad des Modul 'module' oder FAIL,falls es nicht
gefunden wurde. Dabei wird die Datei erst in den durch die Variable
READ_PATH gegebenen Verzeichnissen,dann im aktuellen und zuletzt im
MuPAD-Modulverzeichnis  gesucht.  Diese Reihenfolge  wird ebenfalls
beim Laden der Module  sowie bei  der Suche nach Modul-Hilfedateien
befolgt.
Eine Ausnahme bilden hier nur die Pseudomodule.Fuer sie wird grund-
saetzlich das MuPAD-Modulverzeichnis zurueckgegeben.
```

```
BEISPIELE:
Call #1:  stdmod::which( "demo" );
          "demo.mdm"
Call #2:  stdmod::which( "muff" );
          FAIL

SIEHE AUCH:
stdmod::help, module::which
```

A.2.4 Kurzbeschreibung des Moduls „slave“

```
MODUL:
slave - Einfache Implementation einer MuPAD<->slave Kommunikation

BESCHREIBUNG:
Das Modul enthaelt Funktionen  zum Starten von Slave-Prozessen  und
zur textbasierten Kommunikation mit diesen.  Diese Funktionalitaet
wird zur Zeit nur auf UNIX-Systemen zur Verfuegung gestellt.

INHALT:
close, data, get, open, put, timeout

===================================================================

FUNKTION:
close - Terminieren eines slave

AUFRUF:
close( sdesc )

PARAMETER:
sdesc - slave-Deskriptor (Liste)

BESCHREIBUNG:
Die Funktion beendet den slave 'sdesc' und schliesst seine Eingabe-
und Ausgabekanaele. Die Funktion liefert den Wert DOM_NULL.
Wenn der gestartete Prozess weitere Subprozesse startet, so koennen
diese von MuPAD nicht beendet werden. Sie werden ueblicherweise bei
dem Verlassen von MuPAD bzw. beim Ausloggen beendet.

BEISPIELE:
Call #1:  s:=slave::open("cat"); slave::close(s);
```

```
          [14138, 4, 5]
          0
```

SIEHE AUCH:
slave::open

==

FUNKTION:
data - Abfragen eines slave

AUFRUF:
data(sdec)

PARAMETER:
sdesc - slave-Deskriptor (Liste)

BESCHREIBUNG:
Liefert die Anzahl der Zeichen, die auf dem Ausgabekanal des slave 'sdesc' verfuegbar sind.

BEISPIELE:

```
Call #1:  s:=slave::open("cat"); slave::data(s); slave::close(s);
          [14138, 4, 5]
          0
```

SIEHE AUCH:
slave::timeout

==

FUNKTION:
fetch - Laden eines Internet-Dokumentes (telnet-client)

AUFRUF:
fetch(host, port, query)

PARAMETER:
host - Zeichenkette
port - Positive ganze Zahl
query - Zeichenkette

BESCHREIBUNG:

Diese Funktion baut eine Telnet-Verbindung zum Service 'port' des Computers 'host' auf und sendet die Aufforderung 'query'. Danach wird die Ausgabe des Servers gelesen, bis dieser die Verbindung abbricht. Die Ausgabe wird als String zurueckgegeben. Typische Ports sind: 13=timeserver, 21=ftpd, 70=gopherd, 79=fingerd, 80=httpd. Die Funktion arbeitet aufgrund der besonderen Behandlung von Passwortabfragen nicht auf dem telnetd-port 23.

Wird als 'host'-Name ein leerer String uebergeben, so greift fetch auf den gegebenen Service des aktuellen Rechners zu.

BEISPIELE:
```
Call #1:  print( Unquoted, slave::fetch("",13,"") );
          Thu Aug 25 23:49:26 1994
```

SIEHE AUCH:
-

==

FUNKTION:
get - Einlesen der Ausgabe eines slave

AUFRUF:
get(sdesc)
get(sdesc, number)

PARAMETER:
sdesc - slave-Deskriptor (Liste)
number - Positive ganze Zahl

BESCHREIBUNG:
Liefert den String der auf dem Ausgabekanal des slave 'sdesc' verfuegbar ist. Ist der Wert 'number' gegeben, so werden hoechstens 'number' Zeichen gelesen. Dabei wird ein nicht blockierendes Lesen ausgefuehrt und ein Leerstring ("") geliefert, wenn keine Zeichen verfuegbar sind.

BEISPIELE:
```
Call #1:  s:=slave::open("cat"); slave::put(s,"Hello world");
          slave::get(s,5); slave::close(s);
          [14167, 9, 10]
          11
```

```
        "Hello"
```

SIEHE AUCH:
slave::put

==

FUNKTION:
open - Starten eines slave-Prozesses

AUFRUF:
open(slave);

PARAMETER:
slave - Zeichenkette

BESCHREIBUNG:
'slave' kann ein beliebiges UNIX-Kommando sein, das von der Standardeingabe liest und auf die Standardausgabe schreibt. Der 'slave' wird gestartet und sein Eingabe-, Ausgabe- und Fehlerkanal auf eine Pipe umgelenkt. MuPAD hat danach die Moeglichkeit, Zeichenketten an ihn zu versenden und ebenso von ihm zu empfangen. Die Funktion liefert einen slave-Deskriptor der Form

[Prozessnummer, Eingabekanal, Ausgabekanal],

auf den auschliesslich ueber die Funktionen dieses Moduls zugegriffen werden sollte.

BEISPIELE:

```
Call #1:  slave::open("cat"); slave::close(%);
          [14138, 4, 5]
```

SIEHE AUCH:
slave::close, stdmod::exec

==

FUNKTION:
put - Senden eines Textes an einen slave

AUFRUF:
put(sdesc, string)

PARAMETER:

```
sdesc  - slave-Deskriptor (Liste)
string - Zeichenkette
```

BESCHREIBUNG:
Schreibt den String 'string' auf den Eingabekanal des slave 'sdesc' und liefert die Anzahl der korrekt geschriebenen Zeichen.

BEISPIELE:

```
Call #1:  s:=slave::open("cat"); slave::put(s,"Hello world");
          slave::get(s); slave::close(s);
          [14158, 8, 9]
          11
          "Hello world"
```

SIEHE AUCH:
slave::get

==

FUNKTION:
timeout - Warten auf die Ausgabe eines slave

AUFRUF:
timeout(sdec, sec)

PARAMETER:

```
sdesc - slave-Deskriptor (Liste)
sec   - Positive ganze Zahl
```

BESCHREIBUNG:
Diese Funktion wartet bis zu 'sec' Sekunden auf eine Ausgabe des slave 'sdec'. Hat er bis dahin keine Daten gesendet, so liefert die Funktion den Wert TRUE, ansonsten den Wert FALSE. Die Daten koennen danach mit der Funktion slave::get gelesen werden.

SIEHE AUCH:
slave::data, slave::get

A.2.5 Kurzbeschreibung des Modulgenerators

```
MMG(1)                  USER COMMANDS                   MMG(1)
MuPAD MMG 1.21      Last change: 31 Oct 1994                1

NAME
     mmg - MuPAD module generator

SYNOPSIS
     mmg [ -a attrib ] [ -c ] [ -check ] [ -gcc ] [ -generic ]
         [ -j jump ] [ -l ] [ -pseudo ] [ -skip ] [ -V vers ]
         [ -v ] [ -CC cc ] [ -LD ld ] [ -oc ccopt ] [ -ol ldopt ]
         [ -Ddef ] [ -Ipath ] [ -Lpath ] [ -llib ] sourcefile

     mmg is the module generator of MuPAD, that translates  MuPAD
     a module-source written in the C programming language  (with
     some additional special  commands  for mmg)  into a loadable
     MuPAD module.

     In addition to its options, mmg accepts one source file name
     with  or  without the suffix '.c'. Depending on the options,
     the source is translated by generating the files  'MMGout.c'
     and  'MMGout.o'.  Then the MuPAD module is created and named
     after its source file extended with the suffix  '.mdm'.  All
     output-files are placed in the current directory.

     In general, mmg calls the C-compiler acc/cc(1) (or  the  GNU
     C-compiler  gcc(1))  and  the  link  editor  ld(1) to create
     modules.  The  format  of  both  calls  can  optionally  be
     overwritten by the user.

OPTIONS
     -a attrib
               Sets MuPAD module attributes  to specify a special
               behaviour of this module:
                  static  -  MuPAD never unloads this module
                  unload  -  MuPAD unloads this module as fast
                             as possible

     -c        Suppresses compiling and linking.mmg only produces
               the file 'MMGout.c' which contains the information
               for module management.
```

-check   Combination of '-j link' and '-l'. mmg checks the correctness of MuPAD-kernel function-calls. The value 'link' enables the C-compiler to make a full analysis by using MuPAD function prototypes.

-gcc   Instructs mmg to use gcc(1) instead of acc/cc(1).

-generic   Instructs mmg to produce a module for the generic MuPAD kernel.

-j jump   Method of address evaluation for MuPAD-kernel variables and functions:

```
slow  -  via function call (default)
fast  -  via address table
link  -  via dynamic link editor
```

-l   Suppresses linking. mmg only produces the output file 'MMGout.o' which still has to be converted to a loadable MuPAD module. In combination with the option '-j link' can be used to check the syntax and the static semantics of module sources.

-pseudo   Instructs mmg to generate C code for a pseudo module. This may be compiled and linked statically to the MuPAD kernel. This is used for systems that do not support true dynamic modules. The name of the output file is 'p<module>.c'.

-skip   Instructs mmg to skip the generation of the C code for module manage ment. If this code has not been generated by mmg before, the user himself has to guarantee the correct handling of this module.This option is activated automatically if the input file has the reserved name "MMGout.c".

-V vers   Sets the information string of the module to vers.

-v   Verbose. Normally mmg does its work silently. With this option mmg displays each step of module generation.

-CC cc   Specifies the format of the C-compiler call. This overwrites the default value,the option '-gcc' and the value given in the environment variable MMG_CC. The string cc may contain the following reserved symbols which will be substituted by mmg as describted here:

```
%S = name of source file (in general MMGout.c)
%O = name of object file (in general MMGout.o)
%M = name of module file
%E = name of module entry-point
%C = sequence of compiler options
%L = sequence of linker options
```

-LD ld   Specifies the format of the linker call.This overwrites the default value and the value given in the environment variable MMG_LD. Refer to option '-CC' to get more information about the format of the string ld.

-oc ccopt   Passes the option ccopt (=%C) to the C compiler. See also '-D' and '-I'.

-ol ldopt   Passes the option ldopt (=%L) to the linker. See also '-l' and '-L'.

-Ddef   Defines the C preprocessor symbol def. This is a shortcut for '-oc -Ddef'. Refer to cpp(1).

-Ipath   Adds path to the list of directories in which to search for include files. This is a shortcut for '-oc -Ipath'.

-Lpath   Add the path to the list of directories in which to search for libraries. Shortcut for '-ol -Lpath'.

-llib   This option is an abbreviation for the library name 'liblib.?' where lib is a string. Shortcut for '-ol -llib'.

ENVIRONMENT

MMG_CC   Specifies the format of C-compiler calls. Refer to option '-CC' for more information about the format.

```
    MMG_LD    Specifies the format of linker calls. Refer to
              option '-LD' for more information about the format.

    PATH      The mmg command requires the insertion of the
              names of directories which contain acc/cc(1),
              ld(1) and (if you want to use it) gcc(1) in your
              path list.

    NOTE      If you have to use LD_LIBRARY_PATH, be sure to put
              the path of your C compiler at the head of the
              path list.

FILES
    MDM mod.h   basics of MuPAD module management
    MMGout.c    completed source, incl. module management
    MMGout.o    module object, not linked
    file.mdm    loadable MuPAD module (dependent on system)

SEE ALSO
    acc(1), cc(1), gcc(1), ld(1)

DIAGNOSTICS
    The diagnostics produced by mmg are intended to be self-
    explanatory. Occasional obscure messages may be produced by
    the preprocessor, compiler, assembler, or loader.

NOTES
    mmg generates additional C source code for module management
    which includes the user's source file. If there is any mis-
    behaviour, check your source for names that are also used in
    the file 'MMGout.c'. Never define any names with the prefix
    'MC', 'MD', 'MF', 'MT' or 'MV'.

    "MMGout.c" is a reserved name for mmg and must not be used
    to name any user's module sources. If the module generator
    gets it as sourcefile name the generation of module manage-
    ment code will be skipped. If this file has not been created
    by mmg before, the user himself has to guarantee the
    correct handling of this module.

    All module sources have to be written in ANSI-C programming
    language.
```

EXAMPLES

The following source code is a small example of a MuPAD module definition. It is a complete source of a module with the public module-function 'dummy' which simply returns the MuPAD string (DOM STRING) "dummy":

```
/*** Begin of source: 'test.c' ***/

MODUL FUNC ( dummy )
{
     return( MTR_new_cat_string(MMMCglobal,"dummy") );
}

/*** End of source: 'test.c' ***/
```

Now mmg is called to create the Version "andi's example" of the MuPAD module 'test'. The module file has the suffix '.mdm' and is placed in the current directory.

```
mmg -v -V "andi's example" test
```

The module generator has two reserved names for module functions. The first of them is the function infomod which returns information about the current MuPAD module. It is normally generated by mmg but it can also be defined by the user. The second function is initmod that may be defined (optionally) by the user and will be called by the MuPAD function loadmod to initialize the module after it has been loaded.

SYSTEMS

By now, mmg is available on the following operating systems:

IBM(RS6000):	AIX-3.x
IBM(AT):	Linux 0.99p15
IBM(AT):	NetBSD/FreeBSD 1.0
SGI(Indigo):	IRIX-5.x
Sun(SPARC):	SunOS-4.x, SunOS-5.x (Solaris)
HP:	HP-UX Rel. 9.0

BUGS

The total length of mmg parameter strings is limited to 2000 characters.

A.3 Literaturverzeichnis

[Axiom] AXIOM, The Scientific Computation System
Richard D. Jenks, Robert S. Sutor
Berlin; Heidelberg; New York: Springer-Verlag, 1992
ISBN 3-540-97855-0

[C++] Die Programmiersprache C++, 2. überarbeitete Auflage
Bjarne Stroustrup
Bonn; Paris [u.a.]; Addison-Wesley, 1992
Einheitssacht.: The C++ programming language <dt.>
ISBN 3-89319-386-3

[KLUGE] Oliver Kluge
Parallelverarbeitung und Werkzeuge zur
Vereinfachung der Programmierung in MuPAD
Paderborn, im Juli 1996
bei Prof. Dr. B. Fuchssteiner (MuPAD)

[LaTu] John Lamond and Robin Tucek
The Malt Whisky File
The Connoisseur's Guide
To Malt Whisky And Their Destilleries
Canongate Books Limited, Edingburgh, Scotland, 1995
ISBN 086241 525X

[Lisp] COMMON LISP - The Language, Second Edition
Guy L. Steele Jr.
Digital Press; 1990;
ISBN 1-55558-041-6

[Mammut] MAMMUT (Memory Allocation Management Unit)
Holger Naundorf
bei Prof. Dr. Fuchssteiner (MuPAD)
Paderborn im Juni 1992

[Maple] MapleV, Language Reference Manual
1991 by Waterloo Maple Publishing
Berlin; Heidelberg; New York: Springer-Verlag; 1991
ISBN 3-540-97622-1

[Math] Mathematica, Second Edition
A System for Doing Mathematics by Computer
Stephen Wolfram
Addison-Wesley Publishing Company, Inc.; 1991
ISBN 0-201-51502-4; 0-201-51507-5 (pbk.)

[MuLib] MuLib - An Application Programming Interface
for UNIX Operating Systems
MuPAD - Technical Report
Andreas Sorgatz
Draft, Paderborn im Juli 1996
http://math-www.uni-paderborn.de/MuPAD/PAPERS/mulib.ps.gz

[MuPAD] MuPAD User's Manual - MuPAD Version 1.2.2
Multi Processing Algebra Data Tool
The MuPAD Group (Benno Fuchssteiner et al.)
April 1996, John Wiley and sons, Chichester, New York
english, with a CD for UNIX and Apple Macintosh
ISBN 3-519-02114-5 (B. G. Teubner, Stuttgart)
ISBN 0-471-96716-5 (Wiley)

[MuPAD11] MuPAD (Multi Processing Algebra Data Tool)
Benutzerhandbuch - *MuPAD* Version 1.1
Benno Fuchssteiner (und Mitarbeiter)
Basel; Boston; Berlin: Birkhäuser; 1993
ISBN 3-7643-2872-X

[Reduce] REDUCE, User's Manual - Version 3.4
Anthony C. Hearn, RAND, Santa Monica, CA 90407-2138
Email: reduce@rand.org
RAND Publication CP78 (Rev. 7/91)

[RAHI] Ralf Hillebrand
Titel des Preprints:
Ein strukturiertes Ausgabesystem für
domain-orientierte Computeralgebrasysteme
Paderborn, voraussichtlich im Okt. 1996
bei Prof. Dr. B. Fuchssteiner (MuPAD)

[TOM] Torsten Metzner
Titel des Preprints:
Entwurf und Implementation eines Protokolls
zur Kommunikation von MuPAD-Kernen in
heterogenen Netzwerken
Paderborn, voraussichtlich im Okt. 1996
bei Prof. Dr. B. Fuchssteiner (MuPAD)

A.4 Glossar

Anwenderfunktion Eine innerhalb der CA-Sprache ausführbare Funktion. Anwenderfunktionen werden unterschieden in **Bibliotheksfunktionen**, **Modulfunktionen** und **Systemfunktionen**.

Bibliothek Hier: Sammlung von Funktionen. Siehe **Library**.

Bibliotheksfunktion Eine innerhalb der CA-Sprache ausführbare Funktion, die in der CA-Bibliothek implementiert ist.

CAS Computeralgebra-System. Auch CA-System genannt.

CAS-Objekt Ein Datum bzw. die Repräsentation eines Datums innerhalb eines CA-Systems.

CA-Compiler Ein Übersetzer, der Algorithmen einer CA-Sprache auf Maschinencode oder eine andere Sprache wie z.B. `C` oder `C++` abbildet.

CA-Kern Als CA-Kern oder **Kern** wird das Herzstück eines CA-Systems bezeichnet. Er stellt die grundlegenden Funktionen der Langzahlarithmetik sowie Methoden zur Formelmanipulation zur Verfügung.

C-caller version Der **Kern** eines CA-Systems wird als **statische** oder **dynamische Library** zur Verfügung gestellt, die vom Anwender mittels einer speziellen C-Schnittstelle in eigene Programme eingebunden werden kann.

dynamic scoping Dynamischer Bezugsrahmen für die Gültigkeit von lokalen Variablen. Zum Beispiel MuPAD, vgl. Seite 94ff. ($\leftrightarrow$ **static scoping**)

dynamische Library Eine Maschinencode Funktionsbibliothek (shared library) wie sie z.B. von einem **C** oder **C++** Compiler erstellt wird. Diese ist nicht fester Bestandteil eines Programmcodes sondern wird mit dem Starten des Programms vom dynamischen Linker des Betriebssystems automatisch geladen und zum Programm gelinkt.

dynamisches Modul Eine Maschinencode Funktionsbibliothek die während einer CA-Sitzung ein- und ausgeladen werden kann. Mit der Einbindung in den laufenden **CA-Kern** Prozeß stellt sie dem Anwender ihre Modulfunktionen zur Verfügung.

Kern Siehe `CA-Kern`.

Kernfunktion Interne Funktion des CA-Kerns. Hier in der Programmiersprache `C` bzw. `C++`.

Kernobjekt Eine **Kernfunktion** oder **Kernvariable**.

Kernvariable Interne Variable des CA-Kerns. Hier in der Programmiersprache `C` bzw. `C++`.

Library Allgemeiner Begriff für eine Funktionsbibliothek. Siehe **MuPAD Library**, **dynamische Library** und **statische Library**.

MAPI Das MuPAD Application Programming Interface definiert für den Programmierer von **Modulfunktionen** sowie für den Einsatz der **C-caller version** eine `C++` Schnittstelle zum MuPAD **Kern**.

Modul Eine Maschinencode Funktionsbibliothek. Siehe **dynamisches Modul** und **Pseudomodul**.

Modulfunktion Eine innerhalb der CA-Sprache ausführbare Funktion, die in einem **dynamischen Modul** oder **Pseudomodul** implementiert ist.

Modulgenerator Ein Werkzeug, das die Spezifikation eines **Moduls** bzw. von **Modulfunktionen** auf ein **dynamisches Modul** oder **Pseudomodul** abbildet.

MuPAD Library Eine Funktionsbibliothek mit **Bibliotheksfunktion** der CA-Sprache MuPAD.

Pseudomodul Verhält sich aus Sicht des Anwenders wie ein **dynamisches Modul**. Wird jedoch bereits beim Erstellen des Kerns statisch gelinkt.

static scoping Statischer Bezugsrahmen für die Gültigkeit von lokalen Variablen. Zum Beispiel `C++`, vgl. [C++] Seite 53f. ($\leftrightarrow$ **dynamic scoping**)

statische Library Eine Maschinencode Funktionsbibliothek (object code) wie sie z.B. von einem C oder C++ Compiler erstellt wird.

Systemfunktion Eine innerhalb der CA-Sprache ausführbare Funktion, die im **CA-Kern** implementiert ist.

Index